中国热带亚热带特色果树种质资源丛书
“十四五”国家重点出版物出版规划项目

番石榴种质资源

Germplasm Resources of *Psidium guajava*

匡石滋　邵雪花——著

SPM 南方传媒
广东科技出版社
全国优秀出版社
·广州·

图书在版编目（CIP）数据

番石榴种质资源 / 匡石滋，邵雪花著．—广州：广东科技出版社，2023.10
ISBN 978-7-5359-8106-6

Ⅰ．①番…　Ⅱ．①匡…②邵…　Ⅲ．①番石榴—种质资源—图集　Ⅳ．① S667.902.4-64

中国国家版本馆 CIP 数据核字（2023）第 116266 号

番石榴种质资源
Fanshiliu Zhongzhi Ziyuan

出 版 人：严奉强
项目策划：罗孝政　尉义明
责任编辑：尉义明　于　焦
封面设计：柳国雄
责任校对：于强强
责任印制：彭海波
出版发行：广东科技出版社
（广州市环市东路水荫路 11 号　邮政编码：510075）
销售热线：020-37607413
https: //www. gdstp.com.cn
E-mail：gdkjbw@nfcb.com.cn
经　　销：广东新华发行集团股份有限公司
印　　刷：广州市彩源印刷有限公司
（广州市黄埔区百合三路8号　邮政编码：510700）
规　　格：889 mm×1 194 mm　1/16　印张7.75　字数200千
版　　次：2023年10月第1版
2023年10月第1次印刷
定　　价：98.00元

《番石榴种质资源》撰写团队

编写单位：广东省农业科学院果树研究所

主　　创：匡石滋　邵雪花

参与人员：陈　军　刘传滨　赖　多　肖维强　秦　健
庄庆礼　沈思强

本书出版得到以下项目的资助

（1）广东省现代种业创新提升项目“广东省农作物种质资源库（圃）建设与资源收集保存、鉴评”（粤农计〔2018〕36号）

（2）广东省2022年省级乡村振兴战略专项“番石榴种质资源创制与新品种选育”

（3）广州市科技资源库建设运行专题“广州南亚热带名优果树生物种质科技资源库”

（4）广东省农业农村厅省级乡村振兴战略专项“番石榴品种引进培育示范和配套技术研究应用”（粤农计〔2018〕37号、粤财农〔2018〕125号）

前言

Foreword

番石榴（*Psidium guajava* L.），英文名 Guava，别名鸡矢果、芭乐、拔仔、番桃等，属桃金娘科（Myrtaceae）番石榴属（*Psidium*）植物，原产于墨西哥和秘鲁，是一种适应性较强的热带常绿木本果树。番石榴喜高温忌霜冻，热带及亚热带地区多有栽培。

番石榴是由 Linnaeus 于 1753 年命名，最早关于番石榴的记载见于 1514—1557 年西班牙奥维耶多的编年史。番石榴被认为是由西班牙的航海家运到菲律宾和印度，然后再传入马来群岛、夏威夷和南非。番石榴传入我国的时间较晚，据《台湾府志》记载，传入时间迄今已有 300 多年，于 17 世纪末先传入我国台湾，再传到福建，然后在广西、广东、云南、海南等地开枝散叶。

目前，番石榴已被作为果树在世界上广泛栽培，主要分布在印度、巴基斯坦、墨西哥、巴西、埃及、泰国、哥伦比亚、印度尼西亚、委内瑞拉、苏丹等国家，在美国主要分布在佛罗里达和夏威夷地区。

番石榴在我国引种初期仅作零星栽培，没有形成规模，早先栽培以产量低、果型小的野生品种为主，20 世纪 90 年代以前，我国大陆少有商业性栽培。随着台湾优良品种如新世纪、珍珠和水晶等的推广，番石榴的商业栽培得到了迅速发展。目前，我国番石榴栽培主要分布于广东、福建、广西、海南、台湾及云南南部、四川南部、浙江南部等地区，其中广东、广西、海南、台湾的栽培规模较大，为主产区。随着南果北移技术的发展，部分地区已可以在温室大棚种植。近 20 年来，广东省番石榴产业迅速发展，据《广东农村统计年鉴》数据，2021 年种植面积约 1.39 万 hm^2，产量达 48.84 万 t。

据报道，番石榴属植物约有 150 种，目前已报道研究的有 90 多种，我国仅有番石榴和草莓番石榴 2 个种。番石榴是番石榴属植物中唯一作水果栽培的，国内外番石榴品种很多，有几百个，由于我国番石榴生产起步较晚，地方品种和育成品种都较少。近年，在番石榴果品生产和鲜果市场的推动下，广东、广西、福建、海南等地均注重番石榴种质资源的研究，建立种质资源圃，开展种质评价、优新品种引种及新品种创制工作，从而促进了生产品种迭代和多样化。广东省农业科学院果树研究所开展了番石榴种质资源收集、保存、评价利用和实生选种、杂交育种等工作，经过多年努力，建成了番石榴种质资源圃，收集和保存了番石榴种质资源50多份，并对收集的番石榴种质资源进行了系统观察和数据采集，掌握了大量翔实的第一手资料。为了及时总结番石榴种质资源研究成果，广东省农业科学院果树研究所组织编写了《番石榴种质资源》。全书共收集番石榴品种（品系）62个，既有传统的种质资源，也有实生优选单株及杂交优选单株，重点介绍其果实性状及综合评价。

番石榴一年四季均可开花结果，果实采收期长，种植见效快，且综合开发利用性强，具备发展成新兴水果产业的有利条件，推广种植前景广阔。番石榴全身是宝，果实味甘、涩，性温，具有极高的营养价值与食疗保健功能。研究发现，番石榴果实维生素C含量高，是柑橘的3～10倍。果肉富含粗纤维、粗蛋白，还含有维生素A、维生素B、胡萝卜素、叶绿素、叶黄素等，以及钙、磷、铁、钾、钠、镁等矿物质。日本科学家通过动物试验证明，番石榴具有降血糖的作用。经有关医疗单位验证，用番石榴汁和精制木糖醇加工制成的疗效食品对糖尿病患者有明显的辅助治疗作用。番石榴叶中含有三萜、间苯三酚、黄酮等多种化学成分，为岭南地区常用中草药。《广东省中药材标准》记载，番石榴叶“性平，味甘涩，入脾、胃、大肠、肝经”。此外，番石榴还存在叶片形态、果实颜色、花朵颜色等性状各异的品种，颇具观赏价值。

随着我国经济的发展和人们健康意识的增强，加之番石榴营养丰富、口感尚佳，种植面积不断扩大。番石榴品种的更新与栽培技术的不断发展，以其特殊的口感与丰富的营养而越来越受消费者欢迎，现今已成为我国南亚热带地区重要的果树品种之一。但目前有关番石榴的基础研究较薄弱，其种质资源收集保存工作面临品种分布散乱、稀缺，部分原有品种被丢弃、损毁难以寻觅等问题，希望本书的出版对广大番石榴生产者和科技工作者有所帮助。

本书在编写过程中得到了广州市果树科学研究所、潮州市果树研究所等单位的大力支持，徐社金研究员对本书的统筹、编写提出了宝贵的意见和建议，谨致谢意！由于著者水平有限、编写时间仓促，本书疏漏和不妥之处在所难免，敬请读者批评指正。

著 者

2023年4月

目　录
Contents

珍珠

来　　源｜原产于中国台湾，20 世纪 80 年代被引入中国大陆种植。

主要性状｜树形较开张。树皮平滑，灰色。中心主干不明显，树干皮薄而平滑。新梢浅红绿色；嫩枝四棱形，有茸毛，浅红绿色。叶片绿色，单叶对生，全缘，革质，椭圆形；叶尖锐尖或钝尖，叶基圆楔形，叶面粗糙，叶背有茸毛；平均叶长10.8 cm，叶宽5.7 cm。花为完全花，花瓣白色，4～6瓣，雌蕊1枚，雄蕊多枚；花单生或2～3朵聚生于结果枝的叶腋间。果实近圆形或梨形，果皮绿色，果面平滑；果柄长1.1～1.4 cm；果实纵径10.5 cm，横径8.2 cm；果肉白色带绿，肉质细脆，口感清甜，果肉厚度为2.6 cm；果心白色，果心大小为3.8 cm；可溶性固形物含量为8.9%～13%。种子肾形，种皮黄白色，种子数量中等。

综合评价｜生长势强，早结丰产，是广东当前主栽品种。

树

花蕾
花
叶片
3 cm
挂果
果实
3 cm
种子
1 cm

帝王

来　　源｜原产于中国台湾。

主要性状｜树冠伞形，树形较开张。分枝能力强。树皮平滑，灰色。中心主干不明显，树干皮薄而平滑。新梢浅绿色；嫩枝四棱形，有茸毛，浅绿色。叶片绿色，单叶对生，全缘，革质，椭圆形；叶尖锐尖或钝尖，叶基圆楔形，叶面粗糙，叶背有茸毛；平均叶长12.1 cm，叶宽6.1 cm。花为完全花，花瓣白色，4～6瓣，雌蕊1枚，雄蕊多枚；花单生或2～3朵聚生于结果枝的叶腋间。果实近圆形或梨形，果皮绿色，果面有棱；果柄长2.1～2.5 cm；果实纵径10.1 cm，横径9.2 cm；果肉白色带绿，肉质细脆，口感清甜，果肉厚度为2.5 cm；果心白色，果心大小为4.2 cm；可溶性固形物含量为11.2%～16.6%。种子肾形，种皮黄白色，种子数量中等。

综合评价｜生长势强，产量高，果实品质好，耐储藏。

树

花蕾
花
叶片
3 cm
挂果
果实
3 cm
种子
1 cm

翡翠

来　　源｜由珍珠番石榴嫁接繁殖群体中发现的变异单株选择培育而成。

主要性状｜树形呈不规则的自然圆头形。树皮薄，深褐色。树干因树皮呈片状剥落而平滑。嫩枝四棱形，老枝变圆，被毛。叶片单叶对生，长椭圆形或长卵形；平均叶长11.4 cm，叶宽5.5 cm。花单生或2～3朵聚生于结果枝的叶腋间。果实梨形，果皮白绿色，果棱纹明显；果柄长1.4～1.6 cm；果实纵径12.3 cm，横径9.1 cm；果肉白色略带绿色，由近皮的淡绿色渐变到果心处的白色，肉质细脆，口感清甜，果肉厚度为2.1 cm；果心白色，果心大小为5.0 cm；可溶性固形物含量为10.1%，总糖含量为7.87%，可滴定酸含量为0.47%，维生素 C 含量为105.4毫克 /100克。种子肾形或不规则形，种皮乳白色，种子数量中等。

综合评价｜生长势强，早结丰产，果大，是广东农业主导品种。

树

花蕾
花
叶片
3 cm
挂果
果实
3 cm
种子
1 cm

金斗香

来　　源｜从番石榴本地种实生群体中通过单株优选而成。

主要性状｜树形较疏散开张。树皮薄，呈赤褐色，片状剥落。枝梢较长，枝条柔软有韧性，嫩枝有棱，被毛。叶片深绿色，对生，全缘，革质，棱形；叶面光滑有光泽，叶背具茸毛，常下陷，网脉明显；叶尖急尖，叶基圆楔形；叶柄较短；平均叶长12.1 cm，叶宽5.4 cm。花为完全花，花瓣白色，4～6瓣，雌蕊1枚，雄蕊多枚；花单生或2～3朵聚生于结果枝的叶腋间。果实卵圆形，果皮黄白色，果面平滑，脉纹不明显；果柄长1.5～1.8 cm；果实纵径7.1 cm，横径5.6 cm；果肉白色，肉质细嫩软滑，香气浓郁，风味独特，果肉厚度为1.3 cm；果心白色，果心大小为3.0 cm；可溶性固形物含量为8.9%～12.0%，维生素C含量为216.0毫克/100克，可滴定酸含量为0.25%，总糖含量为7.6%。种子肾形，种皮黄白色，种子数量中等。

综合评价｜果形端正，风味独特，商品性好。

树

花蕾
花
叶片
3 cm
挂果
果实
3 cm
种子
1 cm

潮红

来　　源｜从潮汕土种红肉番石榴实生群体中通过单株选育而成。

主要性状｜树形呈不规则的自然圆头形，主干光滑，分枝短，树形开张，分枝能力强。树皮灰褐色或红褐色。主干树皮呈片状剥落。新梢浅绿色；嫩枝四棱形。嫩叶黄绿色，成熟叶片深绿色，单叶对生，全缘，革质，长椭圆形；平均叶长11.59 cm，叶宽6.16 cm，叶尖渐尖，叶面波状，叶基圆楔形，叶脉明显，下陷，叶背叶脉隆起，有茸毛。花为完全花，花瓣白色，4～6瓣，雌蕊1枚，雄蕊多枚；花单生或2～3朵聚生于结果枝的叶腋间。果实卵圆形，果皮淡黄色，果面光滑；果顶钝圆，果基浑圆；果柄长3.1～3.4 cm；果实纵径7.5 cm，横径6.3 cm；果肉淡红色至鲜红色，肉质细腻嫩滑，香气浓郁，果肉厚度为1.5 cm；果心红色，果心大小为3.3 cm；可溶性固形物含量为10.8%，维生素 C 含量为285.0毫克 /100克，总糖含量为6.5%，还原糖含量为5.5%，可滴定酸含量为5.04%。种子肾形或不规则形，种皮黄白色，种子数量较少。

综合评价｜生长势强，早结丰产，果实品质优良，商品性佳。

树

花蕾
花
叶片
3 cm
挂果
果实
3 cm
种子
1 cm

红宝石

来　　源｜原产于中国台湾。

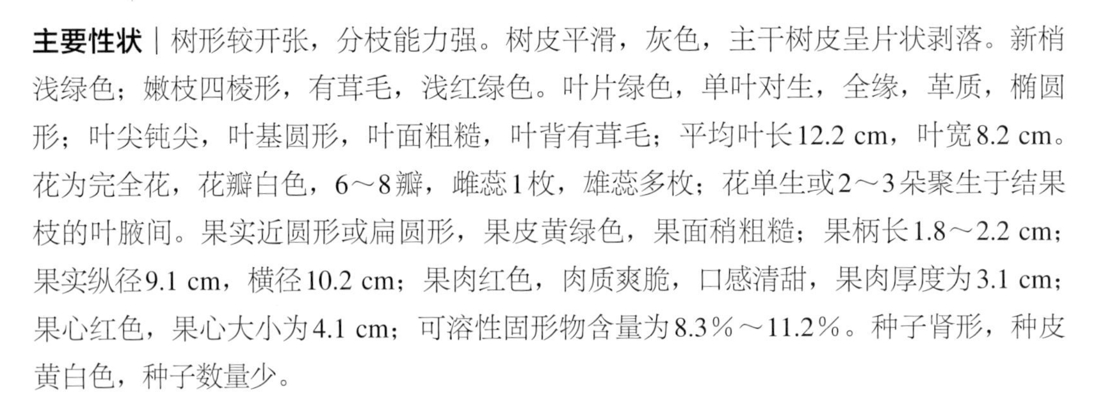

主要性状｜树形较开张，分枝能力强。树皮平滑，灰色，主干树皮呈片状剥落。新梢浅绿色；嫩枝四棱形，有茸毛，浅红绿色。叶片绿色，单叶对生，全缘，革质，椭圆形；叶尖钝尖，叶基圆形，叶面粗糙，叶背有茸毛；平均叶长12.2 cm，叶宽8.2 cm。花为完全花，花瓣白色，6～8瓣，雌蕊1枚，雄蕊多枚；花单生或2～3朵聚生于结果枝的叶腋间。果实近圆形或扁圆形，果皮黄绿色，果面稍粗糙；果柄长1.8～2.2 cm；果实纵径9.1 cm，横径10.2 cm；果肉红色，肉质爽脆，口感清甜，果肉厚度为3.1 cm；果心红色，果心大小为4.1 cm；可溶性固形物含量为8.3%～11.2%。种子肾形，种皮黄白色，种子数量少。

综合评价｜生长势强，产量中等，果实品质好。

树

花蕾
花
叶片
3 cm
挂果
果实
3 cm
种子
1 cm

西瓜红

来　　源｜原产于中国台湾。

主要性状｜树形较开张，分枝能力强。树皮平滑，灰色，主干树皮呈片状剥落。新梢浅绿色；嫩枝四棱形，有茸毛，浅红绿色。叶片绿色，单叶对生，全缘，革质，椭圆形；叶尖钝尖，叶基圆形，叶面粗糙，叶背有茸毛；平均叶长12.4 cm，叶宽8.1 cm。花为完全花，花瓣白色，6～8瓣，雌蕊1枚，雄蕊多枚；花单生或2～3朵聚生于结果枝的叶腋间。果实近圆形或椭圆形，果皮绿色，果面平滑；果柄长1.8～2.2 cm；果实纵径8.1 cm，横径7.2 cm；果肉近果心部分红色，近果皮部分白色，肉质爽脆，口感微甜，果肉厚度为1.5 cm；果心红色，果心大小为4.2 cm；可溶性固形物含量为9.3%～12.2%。种子肾形或不规则形，种皮黄白色，种子数量较多。

综合评价｜生长势强，产量较高，品质一般。

树

花蕾
花
叶片
3 cm
挂果
果实
3 cm
种子
1 cm

无籽

来　　源｜台湾育成的新品种，是泰国大果番石榴的一个变异无籽品种。

主要性状｜树形较开张，分枝能力强。树皮平滑，灰褐色。中心主干不明显，树干皮薄而平滑。新梢浅绿色；嫩枝四棱形，有茸毛，浅绿色。叶片绿色，单叶对生，全缘，革质，椭圆形；叶尖钝尖，叶基圆楔形，叶面粗糙，叶背有茸毛；平均叶长10.3 cm，叶宽5.9 cm。花为完全花，花瓣白色，5～7瓣，雌蕊1枚，雄蕊多枚；花单生或2～3朵聚生于结果枝的叶腋间。果形不规则，整体呈长椭圆形，果皮绿色，果面及果蒂处有疣状突起；果柄长2.2～2.4 cm；果实纵径11.5 cm，横径8.1 cm；果肉白色，肉质爽脆，口感清甜；该品种为无籽型番石榴，无明显果心；可溶性固形物含量为11.2%～16.6%。

综合评价｜生长势强，产量一般，果实品质好，耐储藏。

树

花蕾

花

叶片

挂果

果实

果实疣状突起

水晶

来　　源｜台湾农业专家从印度引种中改良育成的新品种，别名水蜜番石榴。

主要性状｜树形较开张，分枝能力强。树皮平滑，灰褐色。中心主干不明显，树干皮薄而平滑。新梢浅绿色；嫩枝四棱形，有茸毛，浅红绿色。叶片绿色，单叶对生，全缘，革质，椭圆形；叶尖钝尖，叶基圆形，叶面粗糙，叶背有茸毛；平均叶长11.7 cm，叶宽6.3 cm。花为完全花，花瓣白色，7～9瓣，雌蕊1枚，雄蕊多枚；花单生或2～3朵聚生于结果枝的叶腋间。果形不规则，整体呈扁圆形，具明显肋状纵纹，果皮绿色，果面棱状突起；果柄长2.1～2.3 cm；果实纵径8.5 cm，横径8.4 cm；果肉白色，肉质爽脆，口感清甜；该品种为少籽型或无籽型番石榴，少籽型无明显果心，种子数量通常为10～20粒；无籽型番石榴在果实中央仍有由种子夭折残迹构成的黄褐色或黑色硬核，或留有从果蒂处向果实内部延伸的褐色空腔；可溶性固形物含量为11.5%～14.5%。

综合评价｜生长势强，产量一般，果实品质好，耐储藏。

树

花蕾
花
叶片
3 cm
挂果
少籽果实
无籽果实
3 cm
种子
1 cm

紫果

主要性状｜树势中等，枝条较直立。树皮平滑，灰褐色。中心主干不明显，树干皮薄而平滑。新梢紫红色；嫩枝四棱形，有茸毛，紫红色。嫩叶红色，老叶转紫绿色，单叶对生，全缘，革质，椭圆形；叶尖钝尖，叶基圆楔形，叶面粗糙，叶背有茸毛；平均叶长11.9 cm，叶宽6.2 cm。花为完全花，花瓣白色，4～6瓣，花丝紫红色，雌蕊1枚，雄蕊多枚；花单生或2～3朵聚生于结果枝的叶腋间。果实近圆形，果皮紫色，果面平滑；果柄长0.9～1.2 cm；果实纵径7.1 cm，横径7.5 cm；果肉紫红色，肉质脆，口感清甜，果肉厚度为1.5 cm；果心紫红色，果心大小为4.5 cm；可溶性固形物含量为10.8%～12.2%。种子肾形或不规则形，种皮黄白色，种子数量较多。

综合评价｜结果较少，产量较低，可做观赏或绿化树种。

树

花蕾
嫩叶
3 cm
老叶
3 cm
花
挂果
果实
3 cm
种子
1 cm

四季红

来　　源｜从四季翠番石榴圈枝繁殖群体中通过优选培育而成的新品种。

主要性状｜生长势强，树形较开张。主干光滑，红褐色，主干树皮呈片状剥落。新梢浅绿色；嫩枝四棱形，有茸毛，浅红绿色。叶片深绿色，单叶对生，全缘，革质，椭圆形；叶尖钝尖，叶基圆楔形，叶面粗糙，叶背有茸毛；平均叶长13.5 cm，叶宽6.3 cm。花为完全花，花瓣白色，4～6瓣，雌蕊1枚，雄蕊多枚；花单生或2～3朵聚生于结果枝的叶腋间。果实近圆形或梨形，果皮有光泽，浅粉红色，果面平滑，果棱明显；果柄长2.6～2.9 cm；果实纵径6.8 cm，横径6.7 cm；果肉黄白色偶尔有粉色，软而嫩滑，口感清甜，香气浓郁，果肉厚度为1.4 cm；果心白色，果心大小为3.9 cm；可溶性固形物含量为9.8%～11.5%。种子肾形或不规则形，种皮黄白色，种子数量少。

综合评价｜丰产稳产，投产早，品质优良。

树

花蕾
花
叶片
3 cm
挂果
果实
3 cm
种子
1 cm

金石宫

来　源｜原产于中国广东潮汕地区。黄肉番石榴，当地称金石宫番石榴。

主要性状｜树形较开张。树皮平滑，灰褐色。中心主干不明显，树干皮薄而平滑。新梢浅绿色；嫩枝四棱形，有茸毛，浅绿色。叶片绿色，单叶对生，全缘，革质，椭圆形；叶尖钝尖，叶基圆形，叶面粗糙，叶背有茸毛；平均叶长13.1 cm，叶宽6.3 cm。花为完全花，花瓣白色，4～6瓣，雌蕊1枚，雄蕊多枚；花单生或2～3朵聚生于结果枝的叶腋间。果实圆形或扁圆形，果皮绿色，果面平滑；果柄长2.4～2.7 cm；果实纵径4.5 cm，横径5.6 cm；果肉黄色，近果皮处绿色，肉质细脆，口感清甜，果肉厚度为1.0 cm；果心黄白色，果心大小为3.6 cm；可溶性固形物含量为9.1%～11.2%。种子肾形，种皮黄白色，种子数量中等。

综合评价｜生长势强，果品风味独特。

树

花蕾
花
叶片
3 cm
挂果
果实
3 cm
种子
1 cm

四季翠

来　　源｜原产于中国广东增城。

主要性状｜树形开张。树皮平滑，灰褐色。中心主干不明显，树干皮薄而平滑。新梢浅绿色；嫩枝四棱形，有茸毛，浅绿色。叶片绿色，单叶对生，全缘，革质，长椭圆形；叶尖钝尖，叶基圆形，叶面粗糙，叶背有茸毛；平均叶长10.9 cm，叶宽5.6 cm。花为完全花，花瓣白色，5～7瓣，雌蕊1枚，雄蕊多枚；花单生或2～3朵聚生于结果枝的叶腋间。果实椭圆形或长椭圆形，果皮绿色至黄绿色，果面平滑，有光泽；果柄长2.5～2.8 cm；果实纵径10.1 cm，横径7.6 cm；果肉白色，质地酥脆，口感酸甜，果肉厚度为1.7 cm；果心白色，果心大小为4.2 cm；可溶性固形物含量为9.0%～10.6%。种子肾形，种皮黄白色，种子数量中等。

综合评价｜生长势强，早结丰产，果实品质较好。

树

花蕾
花
3 cm
叶片
挂果
3 cm
果实
1 cm
种子

胭脂红

来　　源｜中国广东广州地区经过长期选育的著名地方品种。

主要性状｜树形较开张。树皮平滑，灰褐色。中心主干树皮薄而平滑。新梢浅绿色，嫩枝四棱形，有绒毛，红褐色。叶片绿色，对生，单叶全缘革质。花为完全花，花瓣白色，5～7瓣，雌蕊1枚，雄蕊多枚。花单生或2～3朵聚生于结果枝的叶腋间。果实卵形或洋梨形，香气浓郁，果肉、果心均白色，肉质软滑，口感清甜。果实可溶性固形物含量为9.1%～13.2%。种子肾形，种皮黄白色，种子数量中等。其主要特征是果实成熟时果皮呈现各种美丽的红色，依其着色情况，分为5个品系，即宫粉红、全红、出世红、大叶红、七月红。

（1）宫粉红

果实洋梨形，中等大小，平均单果重约100.0 g，果身较短，又称“短身红”或“菊嘴红”。肉质软滑，味清甜。初熟时果皮白色，近果顶部分逐渐转为粉红色。果实大暑前后成熟。本品系耐肥，丰产，果皮较厚，耐贮运，为出口品种之一。

（2）全红

果实梨形，中等大小，皮中等厚。成熟时全果鲜红色而有光泽，果肉厚，肉质粗、清甜。本品系叶片细小，不耐肥，果实早熟，较耐贮运。

（3）出世红

果实卵形，皮薄，肉质较软，味清淡。未完全成熟时果皮已现红色，成熟时果色暗红，缺乏光泽。本品系较早熟，小暑前采收，但产量较低。

树

果实

果实

（4）大叶红

果实卵形或洋梨形，皮薄肉厚，肉质软，稍粗，味淡。成熟时果身中部粉红色。本品系产量高，但成熟后易落果，果实不耐贮运。

树　果实　叶片

（5）七月红

果实卵形或洋梨形，果肉厚，嫩滑，清甜，初熟时果面洁白，适熟时果顶淡玫瑰红色。枝梢长，软而韧，7月下旬至9月下旬收获，盛果期在7月下旬。本品系耐肥，耐风雨，高产，适应性强，少裂果或落果，收获期长，较耐贮运。

树　挂果　果实　叶片

汕红

来　　源 | 由台湾新世纪番石榴变异单株选择培育而成，别名世纪红番石榴。

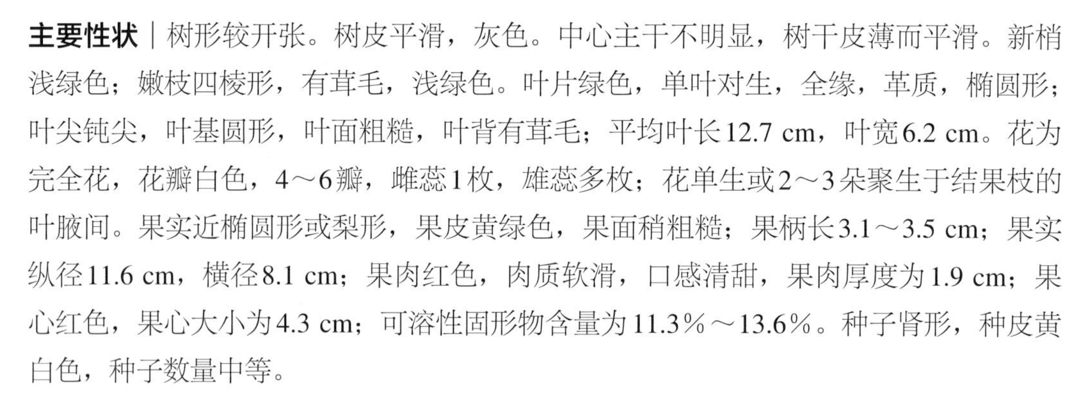

主要性状 | 树形较开张。树皮平滑，灰色。中心主干不明显，树干皮薄而平滑。新梢浅绿色；嫩枝四棱形，有茸毛，浅绿色。叶片绿色，单叶对生，全缘，革质，椭圆形；叶尖钝尖，叶基圆形，叶面粗糙，叶背有茸毛；平均叶长12.7 cm，叶宽6.2 cm。花为完全花，花瓣白色，4～6瓣，雌蕊1枚，雄蕊多枚；花单生或2～3朵聚生于结果枝的叶腋间。果实近椭圆形或梨形，果皮黄绿色，果面稍粗糙；果柄长3.1～3.5 cm；果实纵径11.6 cm，横径8.1 cm；果肉红色，肉质软滑，口感清甜，果肉厚度为1.9 cm；果心红色，果心大小为4.3 cm；可溶性固形物含量为11.3%～13.6%。种子肾形，种皮黄白色，种子数量中等。

综合评价 | 生长势强，早结丰产，果实品质好。

树

花蕾
花
叶片
3 cm
挂果
果实
3 cm
种子
1 cm

满楼香

主要性状｜树形较开张。树皮平滑，灰褐色。中心主干树皮薄而平滑。新梢浅绿色；嫩枝四棱形，有茸毛，红褐色。叶片绿色，单叶对生，全缘，革质，椭圆形；叶尖钝尖，叶基圆楔形，叶面粗糙，叶背叶脉隆起，有茸毛；平均叶长11.1 cm，叶宽5.1 cm。花为完全花，花瓣白色，5～7瓣，雌蕊1枚，雄蕊多枚；花单生或2～3朵聚生于结果枝的叶腋间。果实椭圆形，果皮淡黄色，果面有不规则突起；果柄长2.3～2.5 cm；果实纵径9.5 cm，横径8.5 cm；果肉白色，肉质软滑，口感清甜，香气浓郁，果肉厚度为2.5 cm；果心白色，果心大小为3.5 cm；可溶性固形物含量为12.5%～13.3%。种子肾形，种皮黄白色，种子数量中等。

综合评价｜生长势强，早结丰产，品质优良。

树

花蕾
花
3 cm
叶片
挂果
3 cm
果实
1 cm
种子

粉红蜜

来　　源｜中国台湾引进的杂交番石榴的后代。

主要性状｜树形较开张，分枝力强。树皮平滑，灰褐色。中心主干明显，树干皮薄而平滑。新梢浅绿色；嫩枝四棱形，有茸毛，浅红绿色。叶片绿色，单叶对生，全缘，革质，长椭圆形；叶尖钝尖，叶基圆楔形，叶面粗糙，叶背有茸毛；平均叶长13.5 cm，叶宽5.7 cm。花为完全花，花瓣白色，雄蕊多枚；花单生或2～3朵聚生于结果枝的叶腋间。果实近圆形或椭圆形，果皮淡黄色，果面光滑；果柄长2.1～2.6 cm；果实纵径8.1 cm，横径8.4 cm；果肉红色，近果皮处果肉白色，肉质细脆，口感清甜，果肉厚度为2.2 cm；果心红色，果心大小为4.0 cm；可溶性固形物含量为7.1%～9.5%。种子肾形或不规则形，种皮黄白色，种子数量中等。

综合评价｜生长势强，早结丰产。

树

花蕾
花
叶片
3 cm
挂果
果实
3 cm
种子
1 cm

四季桃

来　　源｜原产于中国广东廉江。

主要性状｜树形较开张。树皮平滑，灰褐色。中心主干不明显，树干皮薄而平滑。新梢浅绿色；嫩枝四棱形，有茸毛，浅红绿色。叶片绿色，单叶对生，全缘，革质，梭形；叶尖渐尖，叶基圆楔形，叶面粗糙，叶背有茸毛；平均叶长9.2 cm，叶宽4.8 cm。花为完全花，花瓣白色，4～7瓣，雌蕊1枚，雄蕊多枚；花单生或2～3朵聚生于结果枝的叶腋间。果实近梨形，果皮黄绿色，偶有淡红色，果面平滑；果柄长2.2～2.5 cm；果实纵径6.5 cm，横径6.1 cm；果肉白色，肉质软滑，口感清甜，香气浓郁，果肉厚度为1.4 cm；果心白色，果心大小为3.3 cm；可溶性固形物含量为11.5%～14.6%。种子肾形，种皮黄白色，种子数量中等。

综合评价｜生长势强，四季均可开花结果，品质优良。

树

花蕾
花
3 cm
叶片
挂果
3 cm
果实
1 cm
种子

BD1

来　　源｜原产于中国广东潮汕地区。

主要性状｜树形较开张。树皮平滑，灰褐色。中心主干皮薄而平滑。新梢浅绿色；嫩枝四棱形，有茸毛，浅红色。叶片绿色，单叶对生，全缘，革质，梭形；叶尖渐尖，叶基圆楔形，叶面粗糙，叶背有茸毛；平均叶长16.1 cm，叶宽7.2 cm。花为完全花，花瓣白色，5～7瓣，雌蕊1枚，雄蕊多枚；花单生或2～3朵聚生于结果枝的叶腋间。果实近圆形，果皮绿色，果面平滑；果柄长2.1～2.4 cm；果实纵径4.7 cm，横径4.6 cm；果肉淡红色，近果皮部分淡绿色，肉质软滑，口感清甜，果肉厚度为0.5 cm；果心淡红色，果心大小为3.6 cm；可溶性固形物含量为10.2％～12.4％。种子不规则形，种皮黄白色，种子数量多。

综合评价｜生长势强，可作为番石榴育苗嫁接砧木。

树

花蕾
花
叶片
3 cm
挂果
果实
3 cm
种子
1 cm

BD2

来　　源｜原产于中国广东潮汕地区。

主要性状｜树冠伞形，树形半直立。树皮平滑，灰褐色。中心主干皮薄而平滑。新梢浅绿色；嫩枝四棱形，有茸毛，浅绿色。叶片绿色，单叶对生，全缘，革质，椭圆形，叶尖渐尖，叶基圆楔形，叶面粗糙，叶背有茸毛；平均叶长14.8 cm，叶宽5.6 cm。花为完全花，花瓣白色，6～8瓣，雌蕊1枚，雄蕊多枚；花单生或2～3朵聚生于结果枝的叶腋间。果实近梨形，果皮绿色，果面平滑；果柄长2.1～2.4 cm；果实纵径6.3 cm，横径4.8 cm；果肉白色，肉质软滑，口感清甜，果肉厚度为0.9 cm；果心白色，果心大小为3.0 cm；可溶性固形物含量为8.7%～9.5%。种子肾形，种皮黄白色，种子数量多。
综合评价｜生长势强，可作为番石榴育苗嫁接砧木。

树

花蕾
花
叶片
3 cm
挂果
果实
3 cm
种子
1 cm

BD3

来　　源｜原产于中国广东潮汕地区。

主要性状｜树冠伞形，树形较开张。树皮平滑，灰褐色。中心主干皮薄而平滑。新梢浅绿色；嫩枝四棱形，有茸毛，浅绿色。叶片绿色，单叶对生，全缘，革质，梭形；叶尖渐尖，叶基圆楔形，叶面粗糙，叶背叶脉隆起，有茸毛；平均叶长13.6 cm，叶宽6.2 cm。花为完全花，花瓣白色，6～8瓣，雌蕊1枚，雄蕊多枚；花单生或2～3朵聚生于结果枝的叶腋间。果实近圆形或扁圆形，果皮绿色，果面平滑；果柄长2.2～2.5 cm；果实纵径4.1 cm，横径4.4 cm；果肉淡红色，近果皮部分淡绿色，肉质软滑，口感酸甜，果肉厚度为0.6 cm；果心红色，果心大小为3.2 cm；可溶性固形物含量为8.5%～9.6%。种子肾形，种皮黄白色，种子数量多。

综合评价｜生长势强，可作为番石榴育苗嫁接砧木。

树

花蕾
花
3 cm
叶片
挂果
3 cm
果实
1 cm
种子

BD4

来　　源｜原产于中国广东潮汕地区。

主要性状｜树冠伞形，树形直立。树皮平滑，灰褐色。中心主干皮薄而平滑。新梢浅绿色；嫩枝四棱形，有茸毛，浅红绿色。叶片绿色，单叶对生，全缘，革质，梭形；叶尖渐尖，叶基圆楔形，叶面粗糙，叶背叶脉隆起，有茸毛；平均叶长10.6 cm，叶宽5.5 cm。花为完全花，花瓣白色，4～6瓣，雌蕊1枚，雄蕊多枚；花单生或2～3朵聚生于结果枝的叶腋间。果实近椭圆形，果皮绿色，果面平滑；果柄长1.6～2.1 cm；果实纵径6.1 cm，横径5.5 cm；果肉淡红色，肉质软滑，口感清甜，果肉厚度为1 cm；果心淡红色，果心大小为3.5 cm；可溶性固形物含量为9.1%～11.2%。种子肾形，种皮黄白色，种子数量多。

综合评价｜生长势强，可作为番石榴育苗嫁接砧木。

树

花蕾
花
叶片
3 cm
挂果
果实
3 cm
种子
1 cm

BD5

来　　源｜原产于中国广东潮汕地区。

主要性状｜树冠伞形，树形直立。树皮平滑，灰褐色。中心主干皮薄而平滑。新梢浅绿色；嫩枝四棱形，有茸毛，浅红绿色。叶片绿色，单叶对生，全缘，革质，梭形；叶尖渐尖，叶基圆楔形，叶面粗糙，叶背叶脉隆起，有茸毛；平均叶长14.8 cm，叶宽7.2 cm。花为完全花，花瓣白色，4～8瓣，雌蕊1枚，雄蕊多枚；花单生或2～3朵聚生于结果枝的叶腋间。果实近椭圆形，果皮绿色，果面有棱；果柄长1.5～2.1 cm；果实纵径6.5 cm，横径6.1 cm；果肉白色至淡黄色，肉质软滑，口感清甜，果肉厚度为1.3 cm；果心白色，果心大小为3.5 cm；可溶性固形物含量为13.2%～15.1%。种子肾形，种皮黄白色，种子数量中等。

综合评价｜生长势强，可作为番石榴育苗嫁接砧木。

树

花蕾
花
叶片
3 cm
挂果
果实
3 cm
种子
1 cm

BD6

来　　源｜原产于中国广东潮汕地区。

主要性状｜树冠伞形，树形半直立。树皮平滑，灰褐色。中心主干皮薄而平滑。新梢浅绿色；嫩枝四棱形，有茸毛，浅绿色。叶片绿色，单叶对生，全缘，革质，披针形；叶尖渐尖，叶基楔形，叶面粗糙，叶背叶脉隆起，有茸毛；平均叶长10.4 cm，叶宽3.8 cm。花为完全花，花瓣白色，6～8瓣，雌蕊1枚，雄蕊多枚；花单生或2～3朵聚生于结果枝的叶腋间。果实椭圆形或长椭圆形，果皮绿色，果面平滑；果柄长1.8～2.3 cm；果实纵径4.5 cm，横径4.4 cm；果肉红色，肉质软滑，口感酸甜，果肉厚度为0.7 cm；果心红色，果心大小为3.0 cm；可溶性固形物含量为11.2%～12.5%。种子肾形，种皮黄白色，种子数量多。

综合评价｜生长势强，可作为番石榴育苗嫁接砧木。

树

挂果
叶片
3 cm
果实
3 cm
种子
1 cm

TG1

来　　源｜原产于泰国。

主要性状｜树冠椭圆形，树形较开张。树皮平滑，灰褐色。中心主干不明显。新梢浅绿色；嫩枝四棱形，有茸毛，浅红绿色。叶片绿色，单叶对生，全缘，革质，近长椭圆形；叶尖锐尖或钝尖，叶基圆楔形，叶面粗糙，叶背有茸毛；平均叶长11.2 cm，叶宽6.1 cm。花为完全花，花瓣白色，4～7瓣，雌蕊1枚，雄蕊多枚；花单生或2～3朵聚生于结果枝的叶腋间。果实近扁圆形，果皮绿色，果面有棱；果柄长3.1～3.5 cm；果实纵径7.5 cm，横径7.9 cm；果肉白色，肉质爽脆，口感清甜，果肉厚度为2.4 cm；果心白色，果心大小为3.1 cm；可溶性固形物含量为9.8%～11.6%。种子肾形，种皮黄白色，种子数量中等。

综合评价｜生长势强，早结丰产，品质优良。

树

花蕾
花
叶片
3 cm
挂果
果实
3 cm
种子
1 cm

TG2

来　　源｜原产于泰国。

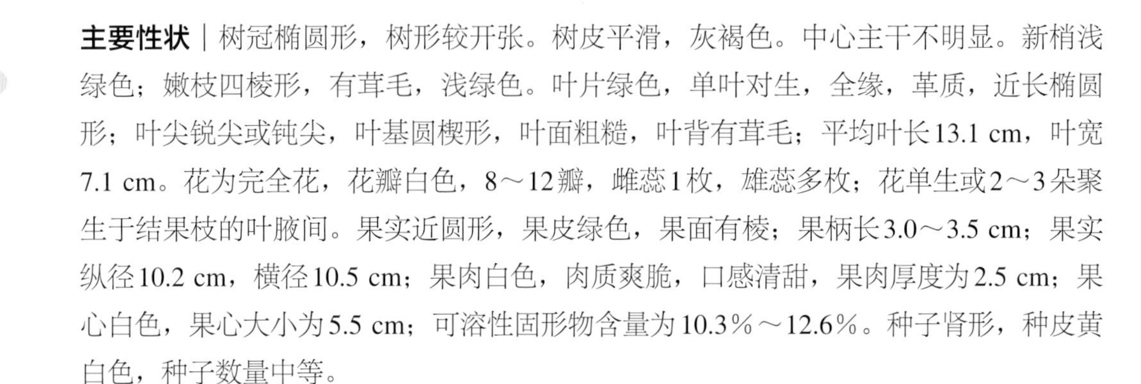

主要性状｜树冠椭圆形，树形较开张。树皮平滑，灰褐色。中心主干不明显。新梢浅绿色；嫩枝四棱形，有茸毛，浅绿色。叶片绿色，单叶对生，全缘，革质，近长椭圆形；叶尖锐尖或钝尖，叶基圆楔形，叶面粗糙，叶背有茸毛；平均叶长13.1 cm，叶宽7.1 cm。花为完全花，花瓣白色，8～12瓣，雌蕊1枚，雄蕊多枚；花单生或2～3朵聚生于结果枝的叶腋间。果实近圆形，果皮绿色，果面有棱；果柄长3.0～3.5 cm；果实纵径10.2 cm，横径10.5 cm；果肉白色，肉质爽脆，口感清甜，果肉厚度为2.5 cm；果心白色，果心大小为5.5 cm；可溶性固形物含量为10.3%～12.6%。种子肾形，种皮黄白色，种子数量中等。

综合评价｜生长势强，果大丰产，品质优良。

树

花蕾
花
叶片
3 cm
挂果
果实
3 cm
种子
1 cm

TG3

来　　源｜原产于泰国。

主要性状｜树形较开张。树皮平滑，灰褐色。中心主干不明显。新梢浅绿色；嫩枝四棱形，有茸毛，浅绿色。叶片绿色，单叶对生，全缘，革质，近长椭圆形；叶尖渐尖或钝尖，叶基圆楔形，叶面粗糙，叶背有茸毛；平均叶长10.7 cm，叶宽5.2 cm。花为完全花，花瓣白色，8～12瓣，雌蕊1枚，雄蕊多枚；花单生或2～3朵聚生于结果枝的叶腋间。果实近圆形，果皮绿色，果面平滑；果柄长0.6～0.8 cm；果实纵径7.1 cm，横径8.4 cm；果肉白色，肉质爽脆，口感清甜，果肉厚度为1.8 cm；果心白色，果心大小为4.8 cm；可溶性固形物含量为10.5%～12.4%。种子肾形，种皮黄白色，种子数量中等。

综合评价｜生长势强，早结丰产，品质优良。

树

花蕾
花
叶片
3 cm
挂果
果实
3 cm
种子
1 cm

GH1

主要性状｜树形较开张。树皮平滑，灰褐色。中心主干不明显，树干皮薄而平滑。新梢浅绿色；嫩枝四棱形，有茸毛，浅红绿色。叶片绿色，单叶对生，全缘，革质，椭圆形；叶尖钝尖，叶基圆楔形，叶面粗糙，叶背有茸毛；平均叶长12.1 cm，叶宽6.5 cm。花为完全花，花瓣白色，雄蕊多枚；花单生或2～3朵聚生于结果枝的叶腋间。果实卵圆形，果皮淡黄色，果面光滑；果柄长1.2～1.5 cm；果实纵径6.3 cm，横径6.0 cm；果肉红色，肉质软滑，口感清甜，果肉厚度为1.1 cm；果心红色，果心大小为3.8 cm；可溶性固形物含量为9.2%～12.6%。种子肾形，种皮黄白色，种子数量中等。

综合评价｜生长势强，产量一般，品质优良。

树

花蕾
花
叶片
3 cm
挂果
果实
3 cm
种子
1 cm

GH2

主要性状｜树形较开张。树皮平滑，灰褐色。中心主干不明显，树干皮薄而平滑。新梢浅绿色，嫩枝四棱形，有茸毛，浅红绿色。叶片绿色，单叶对生，全缘，革质，长椭圆形；叶尖钝尖，叶基圆形，叶面粗糙，叶背有茸毛；平均叶长14.4 cm，叶宽7.0 cm。花为完全花，花瓣白色，雄蕊多枚；花单生或2～3朵聚生于结果枝的叶腋间。果实梨形，果皮淡黄色，果面稍粗糙；果柄长3.1～3.5 cm；果实纵径9.4 cm，横径7.5 cm；果肉红色，肉质软滑，口感清甜，果肉厚度为1.4 cm；果心红色，果心大小为4.7 cm；可溶性固形物含量为10%～12.5%。种子肾形、不规则形或三角形，种皮黄白色，种子数量中等。

综合评价｜生长势强，大果丰产，品质优良。

树

花蕾
花
叶片
3 cm
挂果
果实
3 cm
种子
1 cm

GH3

来　　源 | 原产于中国广东番禺。

主要性状 | 树形较开张，分枝能力强。树皮平滑，灰褐色。中心主干不明显，树干皮薄而平滑。新梢浅绿色；嫩枝四棱形，有茸毛，浅红绿色。叶片绿色，单叶对生，全缘，革质，椭圆形；叶尖钝尖，叶基圆楔形，叶面粗糙，叶背有茸毛；平均叶长10.8 cm，叶宽6.5 cm。花为完全花，花瓣白色，4～6瓣，雌蕊1枚，雄蕊多枚；花单生或2～3朵聚生于结果枝的叶腋间。果实椭圆形，果皮黄绿色，果面平滑；果柄长2.5～2.8 cm；果实纵径7.8 cm，横径7.1 cm；果肉红色，肉质软滑，口感清甜，有香气，果肉厚度为1.4 cm；果心红色，果心大小为4.3 cm；可溶性固形物含量为9.5%～12.6%。种子肾形，种皮黄白色，种子数量中等。

综合评价 | 生长势强，丰产优质，果品风味独特。

树

花蕾
花
叶片
3 cm
挂果
果实
3 cm
种子
1 cm

GH4

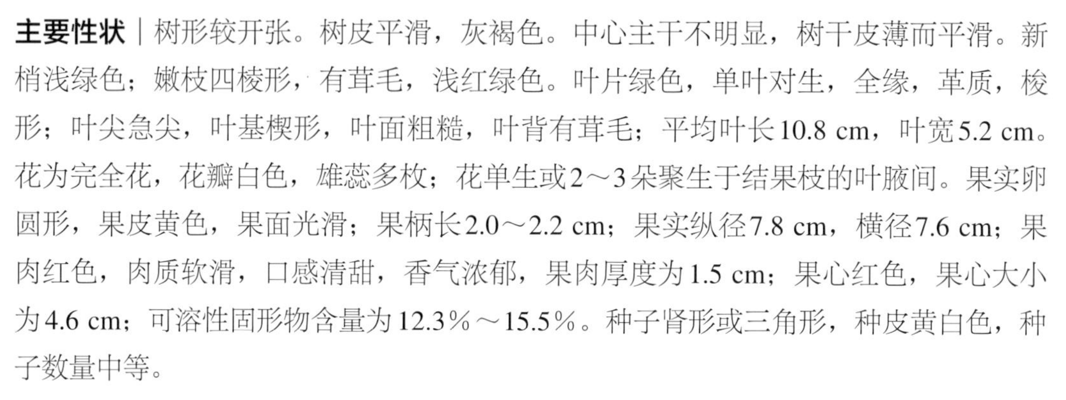

主要性状｜树形较开张。树皮平滑，灰褐色。中心主干不明显，树干皮薄而平滑。新梢浅绿色；嫩枝四棱形，有茸毛，浅红绿色。叶片绿色，单叶对生，全缘，革质，梭形；叶尖急尖，叶基楔形，叶面粗糙，叶背有茸毛；平均叶长10.8 cm，叶宽5.2 cm。花为完全花，花瓣白色，雄蕊多枚；花单生或2～3朵聚生于结果枝的叶腋间。果实卵圆形，果皮黄色，果面光滑；果柄长2.0～2.2 cm；果实纵径7.8 cm，横径7.6 cm；果肉红色，肉质软滑，口感清甜，香气浓郁，果肉厚度为1.5 cm；果心红色，果心大小为4.6 cm；可溶性固形物含量为12.3%～15.5%。种子肾形或三角形，种皮黄白色，种子数量中等。

综合评价｜生长势强，品质优良。

树

花蕾
花
叶片
3 cm
挂果
果实
3 cm
种子
1 cm

CZ1

来　　源｜原产于中国广东潮州。

主要性状｜树形开张。树皮平滑，灰褐色。中心主干不明显，树干皮薄且光滑。新梢黄绿色；嫩枝四棱形，有茸毛。叶片绿色，单叶对生，全缘，革质，长椭圆形或棱形；叶尖渐尖，叶基圆形，叶面平滑，叶背有茸毛；平均叶长10.5 cm，叶宽5.8 cm。花为完全花，花瓣白色，雄蕊多枚；花单生或2～3朵聚生于结果枝的叶腋间。果实圆形，果皮绿色，果面平滑；果实纵径8.3 cm，横径8.5 cm；果肉白色，肉质嫩滑，口感清淡，香气浓郁，果肉厚度为1.8 cm；果心白色，果心大小为5.0 cm；可溶性固形物含量为6.8%。种子肾形，种皮黄色，种子数量较少。

综合评价｜丰产稳产，品质一般。

树

花蕾
花
叶片
3 cm
挂果
果实
3 cm
种子
1 cm

CZ2

来　　源｜原产于中国广东潮州。

主要性状｜树冠开张。树皮平滑，灰褐色。中心主干不明显，树干皮薄且光滑。新梢浅绿色；嫩枝四棱形，有茸毛。叶片绿色，单叶对生，全缘，革质，长椭圆形或梭形；叶尖钝尖或渐尖，叶基圆形或圆楔形，叶面粗糙，叶背有茸毛；平均叶长11.9 cm，叶宽6.1 cm。花为完全花，花瓣白色，雄蕊多枚；花单生或2～3朵聚生于结果枝的叶腋间。果实卵圆形，果皮淡黄色，果面平滑；果柄长2.4～3.3 cm；果实纵径9.4 cm，横径8.1 cm；果肉粉红色，肉质脆，口感清甜，香气浓郁，果肉厚度为1.6 cm；果心红色，果心大小为4.8 cm；可溶性固形物含量为8.9%～9.1%。种子不规则形，种皮黄色，种子数量较多。

综合评价｜生长势中等，丰产，果形大。

树

花蕾
花
叶片
3 cm
挂果
果实
3 cm
种子
1 cm

CZ3

来　　源｜原产于中国广东潮州。

主要性状｜树形开张。树皮平滑，褐色。中心主干不明显，树干皮薄且光滑。新梢黄绿色；嫩枝四棱形，有茸毛。叶片绿色，单叶对生，全缘，革质，梭形；叶尖渐尖，叶基圆楔形，叶面粗糙，叶背有茸毛；平均叶长11.5 cm，叶宽5.3 cm。花为完全花，花瓣白色，雄蕊多枚；花单生或2～3朵聚生于结果枝的叶腋间。果实椭圆形，果皮绿色，果面有棱；果实纵径6.4 cm，横径6.1 cm；果肉白色，肉质嫩滑，口感清淡，有香气，果肉厚度为1.4 cm；果心白色，果心大小为3.3 cm；可溶性固形物含量为6.9%～7.2%。种子肾形或三角形，种皮黄色，种子数量中等。

综合评价｜树势中等，丰产性好。

树

花蕾
花
叶片
3 cm
挂果
果实
3 cm
种子
1 cm

CZ4

来　　源｜原产于中国广东潮州。

主要性状｜树形开张。树皮平滑，灰褐色。中心主干明显，树干皮薄且光滑。新梢浅绿色；嫩枝四棱形，有茸毛。叶片绿色，单叶对生，全缘，革质，长椭圆形或梭形；叶尖钝尖或渐尖，叶基圆形或圆楔形，叶面粗糙，叶背有茸毛；平均叶长12.4 cm，叶宽6.3 cm。花为完全花，花瓣白色，雄蕊多枚；花单生或2～3朵聚生于结果枝的叶腋间。果实卵圆形，果皮绿色，果面光滑；果柄长3.6～4.4 cm；果实纵径9.0 cm，横径8.4 cm；果肉白色，肉质软滑，口感清甜，果肉厚度为2.3 cm；果心白色，果心大小为3.8 cm；可溶性固形物含量为9.4%～9.8%。种子三角形，种皮黄色，种子数量中等偏多。

综合评价｜生长势中等，果形端正，品质较好。

树

花蕾
花
叶片
3 cm
挂果
果实
3 cm
种子
1 cm

CZ5

来　　源｜原产于中国广东潮州。

主要性状｜树形开张。树皮平滑，灰褐色。中心主干明显，树干皮薄且光滑。新梢浅绿色；嫩枝四棱形，有茸毛。叶片绿色，单叶对生，全缘，革质，长椭圆形；叶尖钝尖，叶基圆形，叶面粗糙，叶背有茸毛；平均叶长13.8 cm，叶宽6.0 cm。花为完全花，花瓣白色，雄蕊多枚；花单生或2～3朵聚生于结果枝的叶腋间。果实梨形，果皮青绿色，果面稍粗糙；果实纵径7.1 cm，横径5.4 cm；果肉黄白色，肉质嫩滑，口感香甜，香气浓郁，果肉厚度为1.5 cm；果心黄白色，果心大小为2.4 cm；可溶性固形物含量为14.3%。种子不规则形，种皮黄白色，种子数量中等。

综合评价｜生长势强，丰产，果实品质好。

树

花蕾
花
叶片
3 cm
挂果
果实
3 cm
种子
1 cm

CZ6

来　　源｜原产于中国广东潮州。

主要性状｜树形直立。树皮平滑，黄褐色。中心主干明显，树干皮薄且光滑。新梢浅绿色；嫩枝四棱形，有茸毛。叶片绿色，单叶对生，全缘，革质，梭形；叶尖渐尖，叶基圆楔形，叶面光滑，叶背有茸毛；平均叶长14.4 cm，叶宽6.5 cm。花为完全花，花瓣白色，雄蕊多枚；花单生或2～3朵聚生于结果枝的叶腋间。果实圆形，果皮黄绿色，果面稍粗糙；果柄长2.6～3.3 cm；果实纵径6.6 cm，横径6.7 cm；果肉粉红色，肉质嫩滑细腻，口感清甜，果肉厚度为1.2 cm；果心红色，果心大小为4.4 cm；可溶性固形物含量为10.5%。种子肾形或不规则形，种皮浅黄色，种子数量中等。

综合评价｜生长势强，早结丰产，果实中等大小，有香气。

树

花蕾
花
叶片
3 cm
挂果
果实
3 cm
种子
1 cm

CZ7

来　　源｜原产于中国广东潮州。

主要性状｜树形开张。树皮平滑，灰褐色。中心主干明显，树干皮薄且光滑。新梢浅绿色；嫩枝四棱形，有茸毛。叶片绿色，单叶对生，全缘，革质，椭圆形；叶尖钝尖，叶基圆楔形，叶面粗糙，叶背有茸毛；平均叶长8.9 cm，叶宽4.7 cm。花为完全花，花瓣白色，雄蕊多枚；花单生或2～3朵聚生于结果枝的叶腋间。果实梨形，果皮青黄色，果面稍粗糙；果实纵径8.1 cm，横径5.5 cm；果肉黄色带红，肉质嫩滑，口感偏淡，香气浓郁，果肉厚度为1.3 cm；果心黄色带红，果心大小为2.9 cm；可溶性固形物含量为6.7%～7.2%。种子肾形或不规则形，种皮黄白色，种子数量中等。

综合评价｜生长势强，丰产。

树

花蕾
花
叶片
3 cm
挂果
果实
3 cm
种子
1 cm

B1

来　　源｜巴西引入番石榴实生繁殖后代。

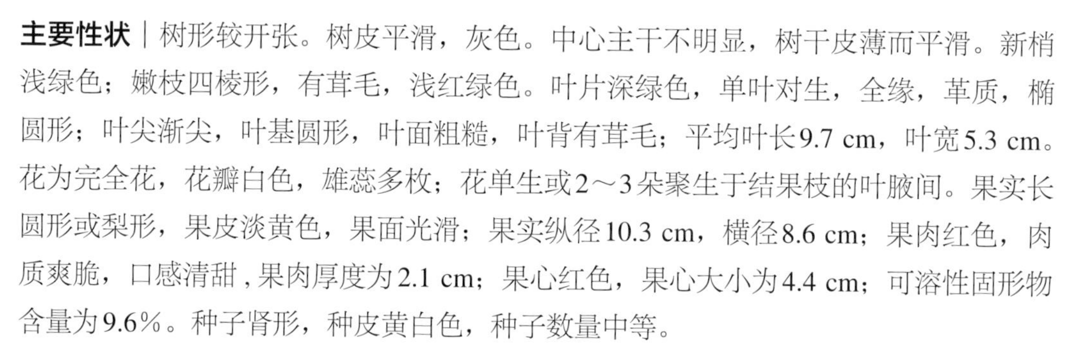

主要性状｜树形较开张。树皮平滑，灰色。中心主干不明显，树干皮薄而平滑。新梢浅绿色；嫩枝四棱形，有茸毛，浅红绿色。叶片深绿色，单叶对生，全缘，革质，椭圆形；叶尖渐尖，叶基圆形，叶面粗糙，叶背有茸毛；平均叶长9.7 cm，叶宽5.3 cm。花为完全花，花瓣白色，雄蕊多枚；花单生或2～3朵聚生于结果枝的叶腋间。果实长圆形或梨形，果皮淡黄色，果面光滑；果实纵径10.3 cm，横径8.6 cm；果肉红色，肉质爽脆，口感清甜，果肉厚度为2.1 cm；果心红色，果心大小为4.4 cm；可溶性固形物含量为9.6%。种子肾形，种皮黄白色，种子数量中等。

综合评价｜生长势强，早结丰产，品质较好。

树

花蕾
花
叶片
3 cm
挂果
果实
3 cm
种子
1 cm

B2

来　　源 | 从巴西引入的番石榴实生繁殖后代。

主要性状 | 树形较开张。树皮平滑，灰色。中心主干不明显，树干皮薄而平滑。新梢浅绿色；嫩枝四棱形，有茸毛，浅红绿色。叶片深绿色，单叶对生，全缘，革质，长椭圆形；叶尖渐尖，叶基圆形，叶面粗糙，叶背有茸毛；平均叶长10.6 cm，叶宽4.7 cm。花为完全花，花瓣白色，雄蕊多枚；花单生或2～3朵聚生于结果枝的叶腋间。果实长圆形或梨形，果皮淡黄色，果面光滑；果实纵径9.9 cm，横径8.3 cm；果肉红色，肉质软滑，香气浓郁，果肉厚度为1.8 cm；果心红色，果心大小为4.7 cm；可溶性固形物含量为9.6%。种子肾形，种皮黄白色，种子数量中等。

综合评价 | 生长势强，早结丰产。

树

花蕾
花
叶片
3 cm
挂果
果实
3 cm
种子
1 cm

B3

来　　源｜从巴西引入的番石榴实生繁殖后代。

主要性状｜树冠椭圆形，树形较开张。树皮平滑，灰色。中心主干不明显，树干皮薄而平滑。新梢浅绿色；嫩枝四棱形，有茸毛，浅红绿色。叶片深绿色，单叶对生，全缘，革质，长椭圆形；叶尖渐尖，叶基圆形，叶面粗糙，叶背有茸毛；平均叶长10.6 cm，叶宽4.7 cm。花为完全花，花瓣白色，雄蕊多枚；花单生或2～3朵聚生于结果枝的叶腋间。果实长圆形或梨形，果皮淡黄色，果面光滑；果实纵径11.4 cm，横径8.5 cm；果肉红色，肉质软滑，香气浓郁，果肉厚度为1.8 cm；果心红色，果心大小为4.0 cm；可溶性固形物含量为9.1%。种子肾形，种皮黄白色，种子数量中等。

综合评价｜生长势强，早结丰产。

树

花蕾
花
叶片
3 cm
挂果
果实
3 cm
种子
1 cm

B4

来　　源｜从巴西引入的番石榴实生繁殖后代。

主要性状｜树形较开张。树皮平滑，灰色。中心主干不明显，树干皮薄而平滑。新梢浅绿色；嫩枝四棱形，有茸毛，浅红绿色。叶片深绿色，单叶对生，全缘，革质，长椭圆形；叶尖渐尖，叶基圆形，叶面粗糙，叶背有茸毛；平均叶长11.6 cm，叶宽5.6 cm。花为完全花，花瓣白色，雄蕊多枚；花单生或2～3朵聚生于结果枝的叶腋间。果实长圆形或梨形，果皮淡黄色，果面光滑；果实纵径8.8 cm，横径6.5 cm；果肉白色，肉质软滑，香气浓郁，果肉厚度为1.5 cm；果心白色，果心大小为3.5 cm；可溶性固形物含量为9.7%。种子肾形，种皮黄白色，种子数量中等。

综合评价｜生长势强，早结丰产。

树

花蕾
花
叶片
3 cm
挂果
果实
3 cm
种子
1 cm

B5

来　　源｜从巴西引入的番石榴实生繁殖后代。

主要性状｜树冠椭圆形，树形较开张。树皮平滑，灰色。中心主干不明显，树干皮薄而平滑。新梢浅绿色；嫩枝四棱形，有茸毛，浅红绿色。叶片深绿色，单叶对生，全缘，革质，长椭圆形；叶尖渐尖，叶基圆形，叶面粗糙，叶背有茸毛；平均叶长11.3 cm，叶宽5.1 cm。花为完全花，花瓣白色，雄蕊多枚；花单生或2～3朵聚生于结果枝的叶腋间。果实近圆形，果皮淡黄色，果面稍粗糙；果实纵径7.3 cm，横径7.5 cm；果肉红色，肉质爽脆，果肉厚度为1.7 cm；果心红色，果心大小为4.0 cm；可溶性固形物含量为10.9%。种子肾形，种皮黄白色，种子数量中等。

综合评价｜生长势强，早结丰产，果实品质好。

树

花蕾
花
叶片
3 cm
挂果
果实
3 cm
种子
1 cm

B6

来　　源 | 从巴西引入的番石榴实生繁殖后代。

主要性状 | 树冠椭圆形，树形较开张。树皮平滑，灰色。中心主干不明显，树干皮薄而平滑。新梢浅绿色；嫩枝四棱形，有茸毛，浅红绿色。叶片深绿色，单叶对生，全缘，革质，长椭圆形；叶尖渐尖，叶基圆形，叶面粗糙，叶背有茸毛；平均叶长11.3 cm，叶宽5.5 cm。花为完全花，花瓣白色，雄蕊多枚；花单生或2～3朵聚生于结果枝的叶腋间。果实长圆形或梨形，果皮淡黄色，果面光滑；果实纵径11.3 cm，横径9.5 cm；果肉红色，肉质软滑，口感清甜，果肉厚度为2.2 cm；果心红色，果心大小为5.1 cm；可溶性固形物含量为7.3%。种子肾形，种皮黄白色，种子数量中等。

综合评价 | 生长势强，早结丰产，果实品质较好。

树

花蕾
花
3 cm
叶片
挂果
3 cm
果实
1 cm
种子

S110

来　　源｜从巴西引进的红肉番石榴资源实生后代。

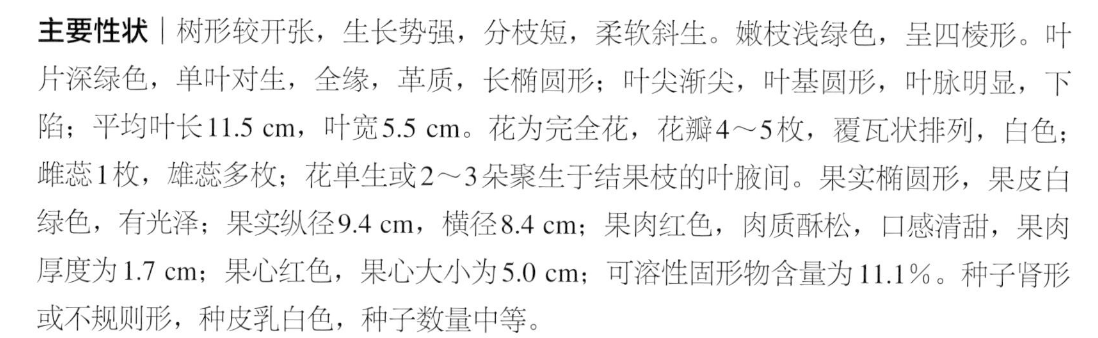

主要性状｜树形较开张，生长势强，分枝短，柔软斜生。嫩枝浅绿色，呈四棱形。叶片深绿色，单叶对生，全缘，革质，长椭圆形；叶尖渐尖，叶基圆形，叶脉明显，下陷；平均叶长11.5 cm，叶宽5.5 cm。花为完全花，花瓣4～5枚，覆瓦状排列，白色；雌蕊1枚，雄蕊多枚；花单生或2～3朵聚生于结果枝的叶腋间。果实椭圆形，果皮白绿色，有光泽；果实纵径9.4 cm，横径8.4 cm；果肉红色，肉质酥松，口感清甜，果肉厚度为1.7 cm；果心红色，果心大小为5.0 cm；可溶性固形物含量为11.1%。种子肾形或不规则形，种皮乳白色，种子数量中等。

综合评价｜生长势强，早结丰产，果实品质好。

树

花蕾
花
3 cm
叶片
挂果
3 cm
果实
1 cm
种子

S50

来　　源｜从巴西引进的红肉番石榴资源实生后代。

主要性状｜树形呈不规则的自然圆头形，分枝短，柔软斜生，树形较开张。主干光滑，红褐色。嫩枝浅绿色，呈四棱，老熟枝条变圆，红褐色，被毛。嫩叶黄绿色，成叶深绿色，单叶对生，全缘，革质，长椭圆形；叶尖渐尖，叶基圆形，叶脉明显，下陷，叶背叶脉隆起，有茸毛；平均叶长11.7 cm，叶宽5.5 cm。花为完全花，花瓣4～5枚，雄蕊多枚；花单生或2～3朵聚生于结果枝的叶腋间。果实椭圆形，果皮绿色，有光泽；果实纵径9.4 cm，横径9.2 cm；果肉红色，肉质酥松，口感清香，果肉厚度为2.5 cm；果心红色，果心大小为4.2 cm；可溶性固形物含量为12.5%。种子不规则形，种皮乳白色，种子数量较少。

综合评价｜生长势强，早结丰产，果实品质好。

树

花蕾
花
叶片
3 cm
挂果
果实
3 cm
种子
1 cm

迷你

来　　源｜原产于巴西。

主要性状｜树形较开张。树皮平滑，灰褐色。中心主干树皮薄而平滑。新梢浅绿色；嫩枝四棱形，有茸毛，红褐色。叶片绿色，单叶对生，全缘，革质，梭形；叶尖急尖，叶基不对称形，叶面粗糙，叶背叶脉隆起，有茸毛；平均叶长5.3 cm，叶宽1.8 cm。花为完全花，花瓣白色，5～7瓣，雌蕊1枚，雄蕊多枚；花单生或2～3朵聚生于结果枝的叶腋间。果实近梨形或卵圆形，果皮黄绿色，果面平滑；果柄长1.1～1.5 cm。大果型果实纵径6.8 cm，横径6.4 cm；果肉白色，肉质软滑，口感清甜，有香气，果肉厚度为1.4 cm；果心白色，果心大小为3.6 cm。小果型果实纵径5.6 cm，横径5.1 cm；果肉厚度为1.0 cm；果心大小为3.1 cm。可溶性固形物含量为9.5%～10.6%。种子肾形，种皮黄白色，种子数量中等。

综合评价｜适宜盆栽或观赏种植。

树

花蕾
花
叶片
3 cm
挂果
果实
3 cm
种子
1 cm

杂交1号

来　　源｜杂交优选单株。

主要性状｜果实梨形；单果重65.0 g；果实纵径6.1 cm，横径5.1 cm；果皮黄白色，果面平滑；果肉白色，肉质软滑，口感清甜，香气浓郁，果肉厚度为1.3 cm；果心白色，果心大小为2.5 cm；可溶性固形物含量为9.2%。种子肾形，种皮黄白色，种子数量中等。

综合评价｜口感好。

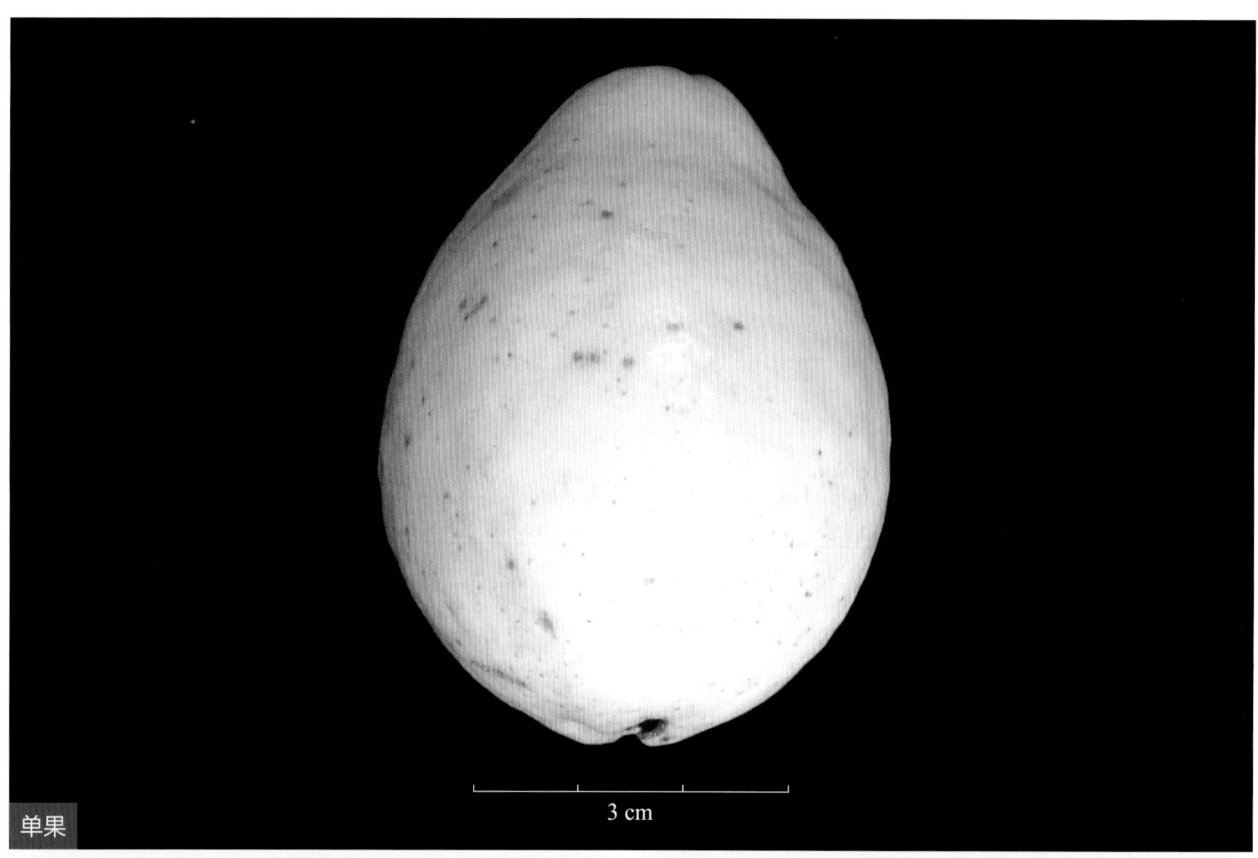

单果

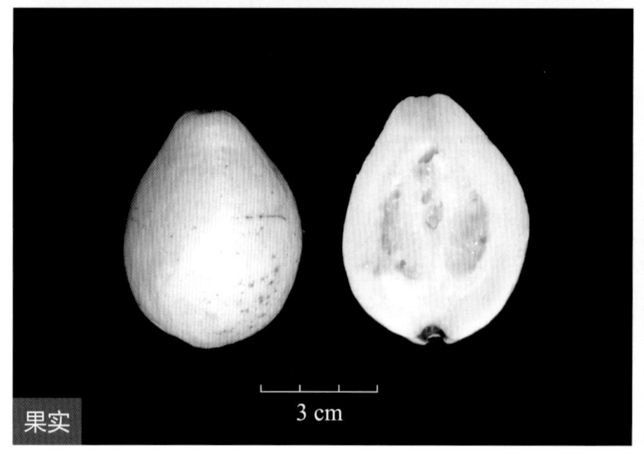

果实

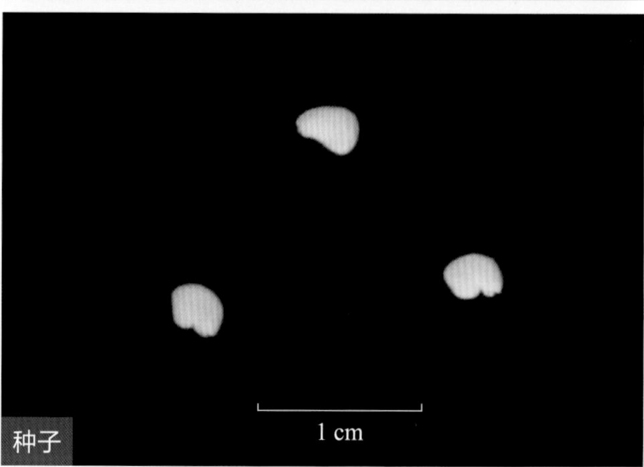

种子

杂交2号

来　　源｜杂交优选单株。

主要性状｜果实椭圆形；单果重125.0 g；果实纵径6.5 cm，横径6.2 cm；果皮青绿色，果面光滑；果肉白色，肉质爽脆，口感清甜，香气浓郁，果肉厚度为2.0 cm；果心白色，果心大小为2.2 cm；可溶性固形物含量为7.8%。种子肾形，种皮黄白色，种子数量少。

综合评价｜口感好。

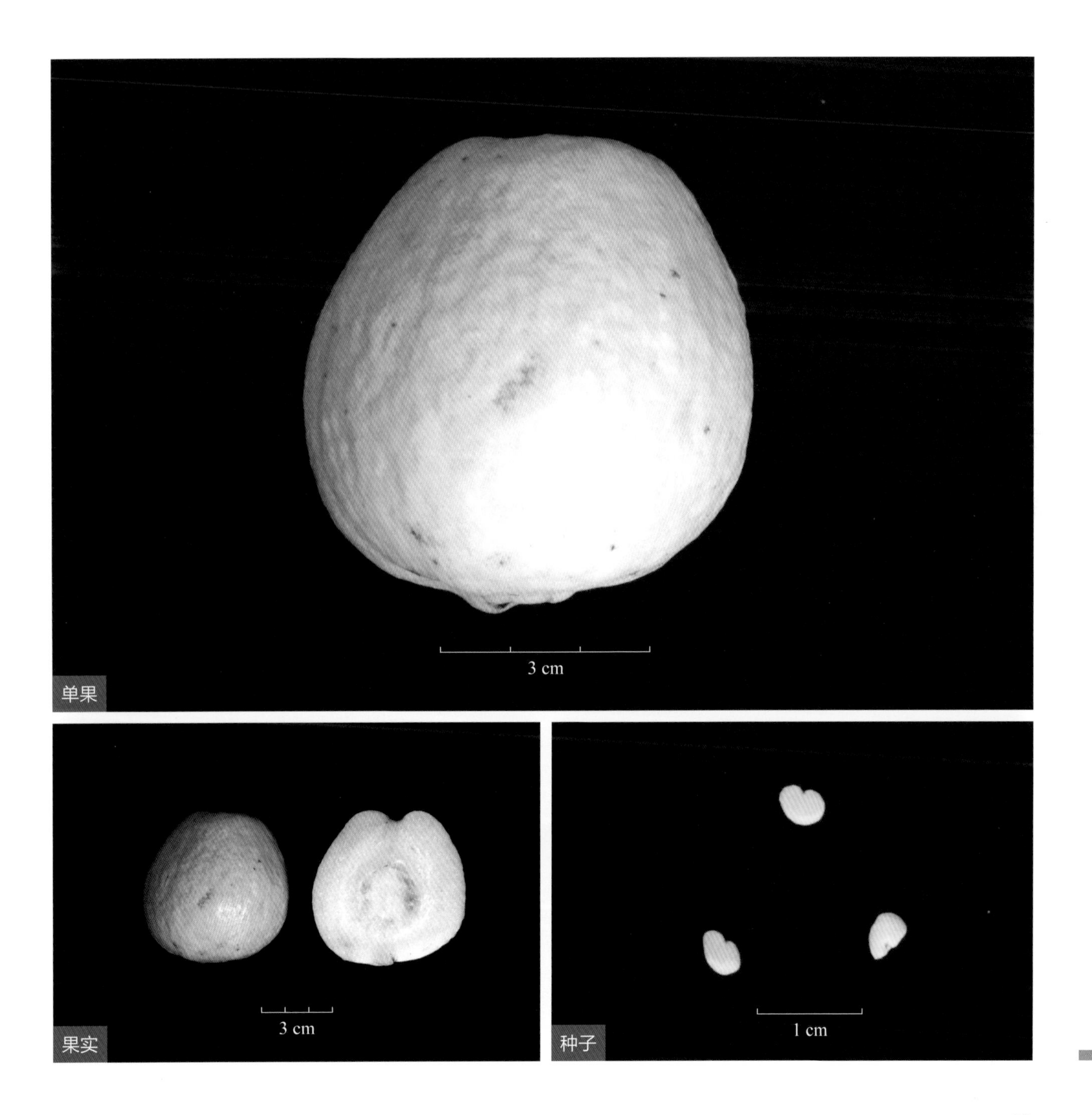

单果

果实

种子

杂交3号

来　　源｜杂交优选单株。

主要性状｜果实梨形；单果重32.0 g；果实纵径4.3 cm，横径3.0 cm；果皮淡黄色，果面光滑；果肉白色，肉质软滑，香气独特、浓郁，果肉厚度为0.5 cm；果心白色，果心大小为2.0 cm；可溶性固形物含量为8.2%。种子肾形，种皮黄白色，种子数量中等。

综合评价｜口感好，果小。

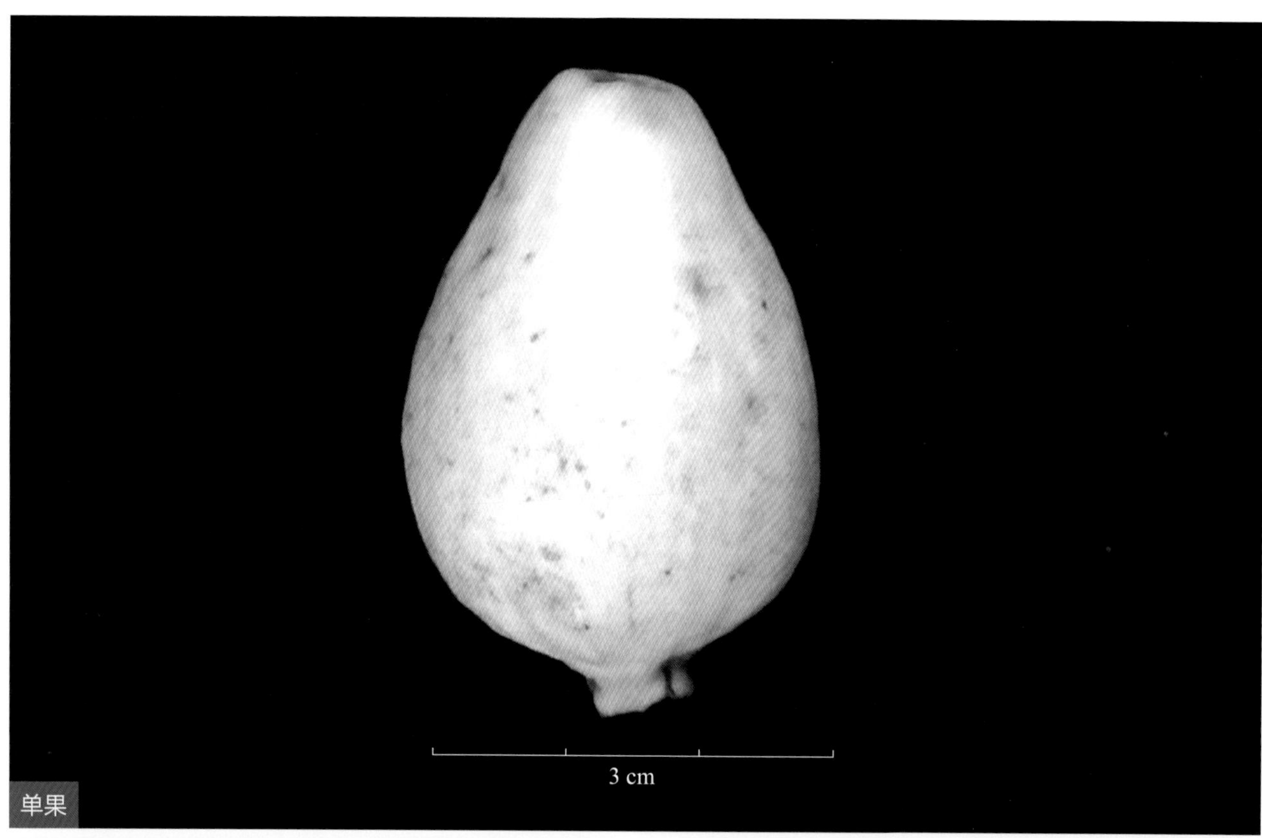

单果

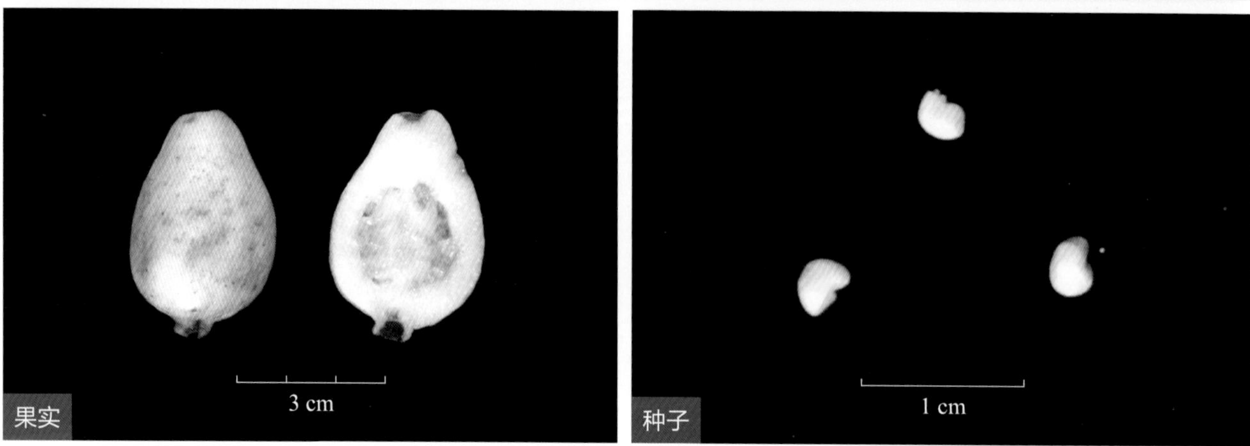

果实　　种子

杂交4号

来　　源｜杂交优选单株。

主要性状｜果实扁圆形；单果重45.0 g；果实纵径4.1 cm，横径5.5 cm；果皮淡黄色，果面光滑；果肉白色，肉质酥而脆，有清香味，果肉厚度为1.5 cm；果心白色，果心大小为2.5 cm；可溶性固形物含量为14.0%。种子肾形，种皮黄白色，种子数量少。

综合评价｜果形独特，口感酥而脆，果实品质好。

杂交5号

来　　源｜杂交优选单株。

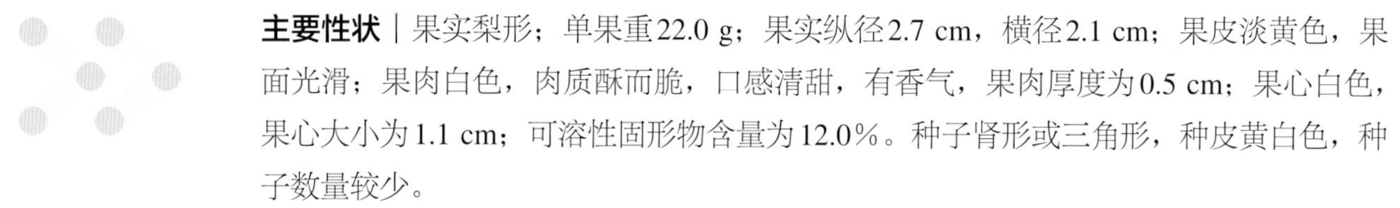

主要性状｜果实梨形；单果重22.0 g；果实纵径2.7 cm，横径2.1 cm；果皮淡黄色，果面光滑；果肉白色，肉质酥而脆，口感清甜，有香气，果肉厚度为0.5 cm；果心白色，果心大小为1.1 cm；可溶性固形物含量为12.0%。种子肾形或三角形，种皮黄白色，种子数量较少。

综合评价｜果小，适宜盆栽或观赏种植。

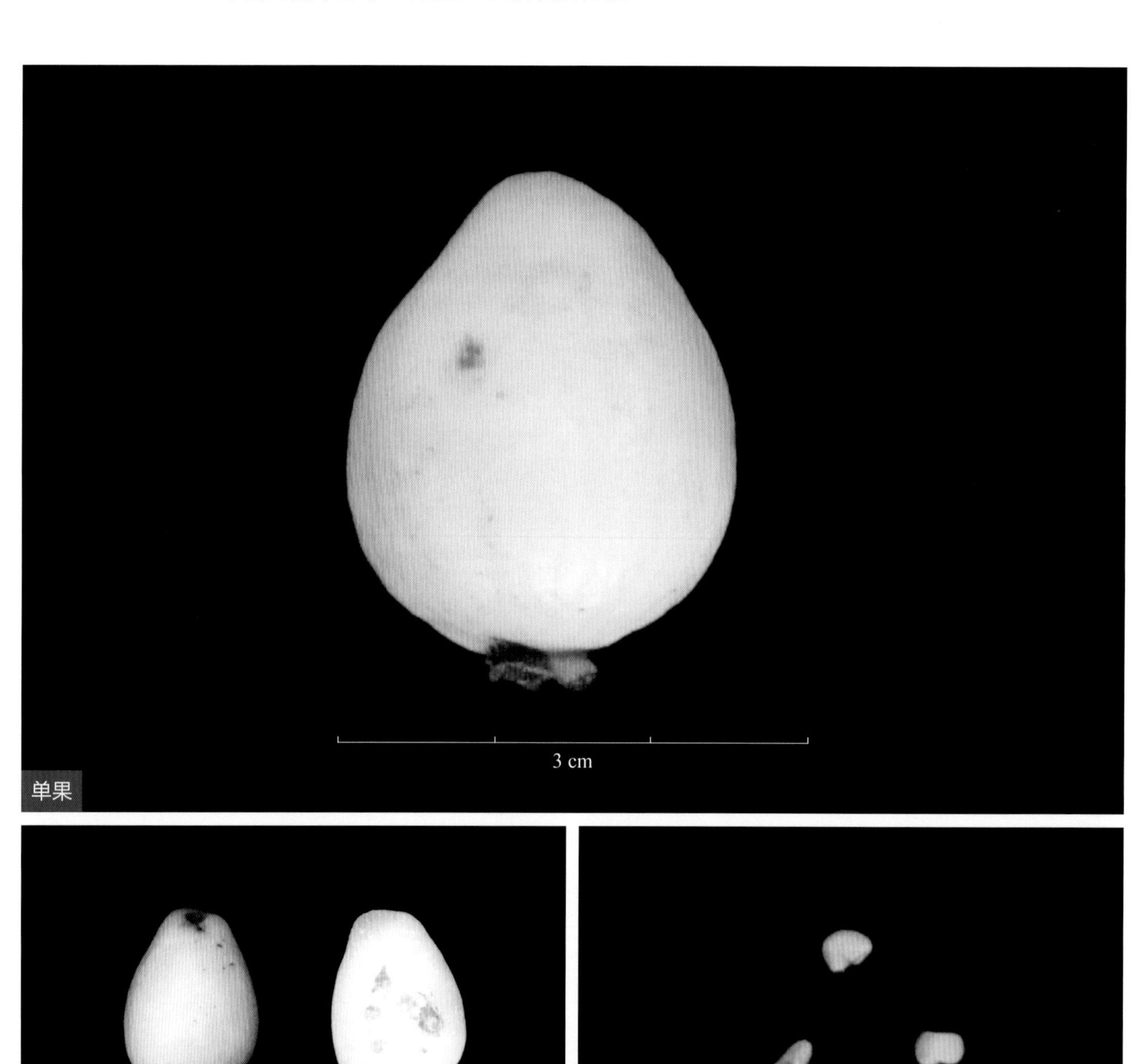

杂交6号

来　　源｜杂交优选单株。

主要性状｜果实扁圆形；单果重162.0 g；果实纵径6.1 cm，横径7.2 cm；果皮青绿色，果面光滑；果肉白色，肉质爽脆，口感清甜，果肉厚度为1.5 cm；果心白色，果心大小为4.1 cm；可溶性固形物含量为7.2%。种子不规则形或三角形，种皮黄白色，种子数量较少。

综合评价｜口感较好，果实品质一般。

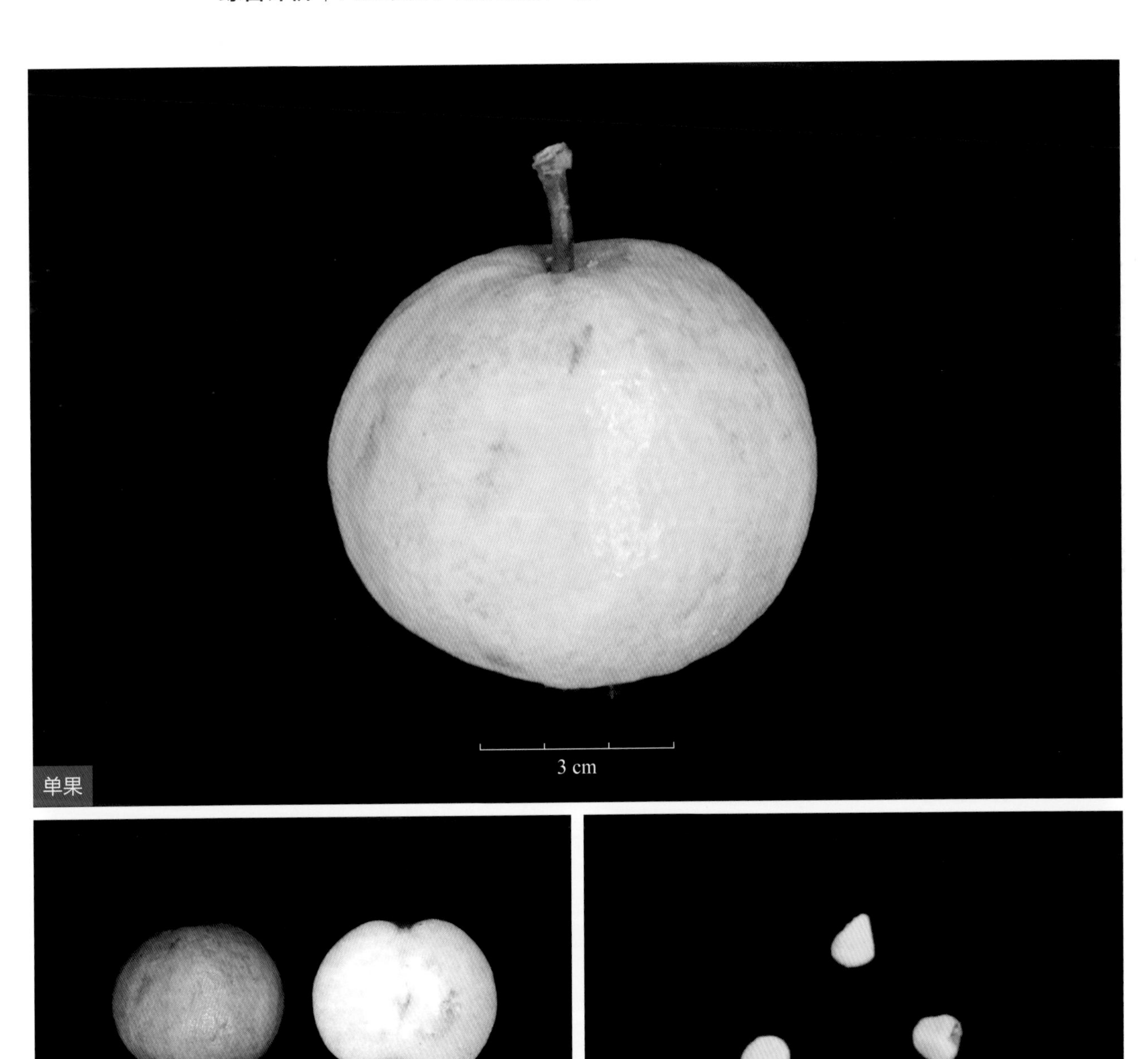

杂交7号

来　　源｜杂交优选单株。

主要性状｜果实扁圆形；单果重126.2 g；果实纵径6.7 cm，横径6.5 cm；果皮青绿色，果面光滑；果肉白色，肉质爽脆，口感甜，果肉厚度为1.5 cm；果心白色，果心大小为3.5 cm；可溶性固形物含量为9.0%。种子肾形或不规则形，种皮黄白色，种子数量较少。

综合评价｜口感爽脆，风味清甜，品质好。

单果

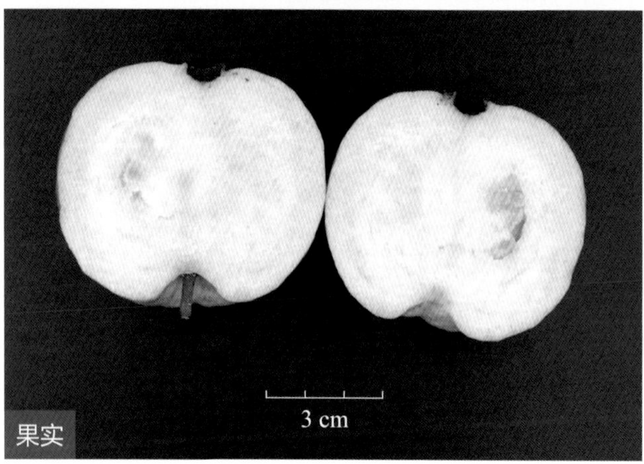

果实

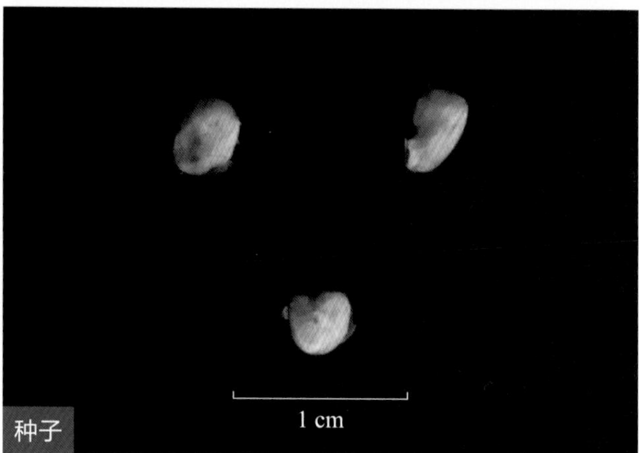

种子

杂交8号

来　　源 | 杂交优选单株。

主要性状 | 果实近圆形；单果重315.2 g；果实纵径9.3 cm，横径9.2 cm；果皮黄绿色，果面光滑；果肉白色，肉质爽脆，口感清甜，果肉厚度为2.2 cm；果心白色，果心大小为4.8 cm；可溶性固形物含量为11.1%。种子肾形或不规则形，种皮黄白色，种子数量较少。

综合评价 | 果大味甜，口感爽脆，品质优良。

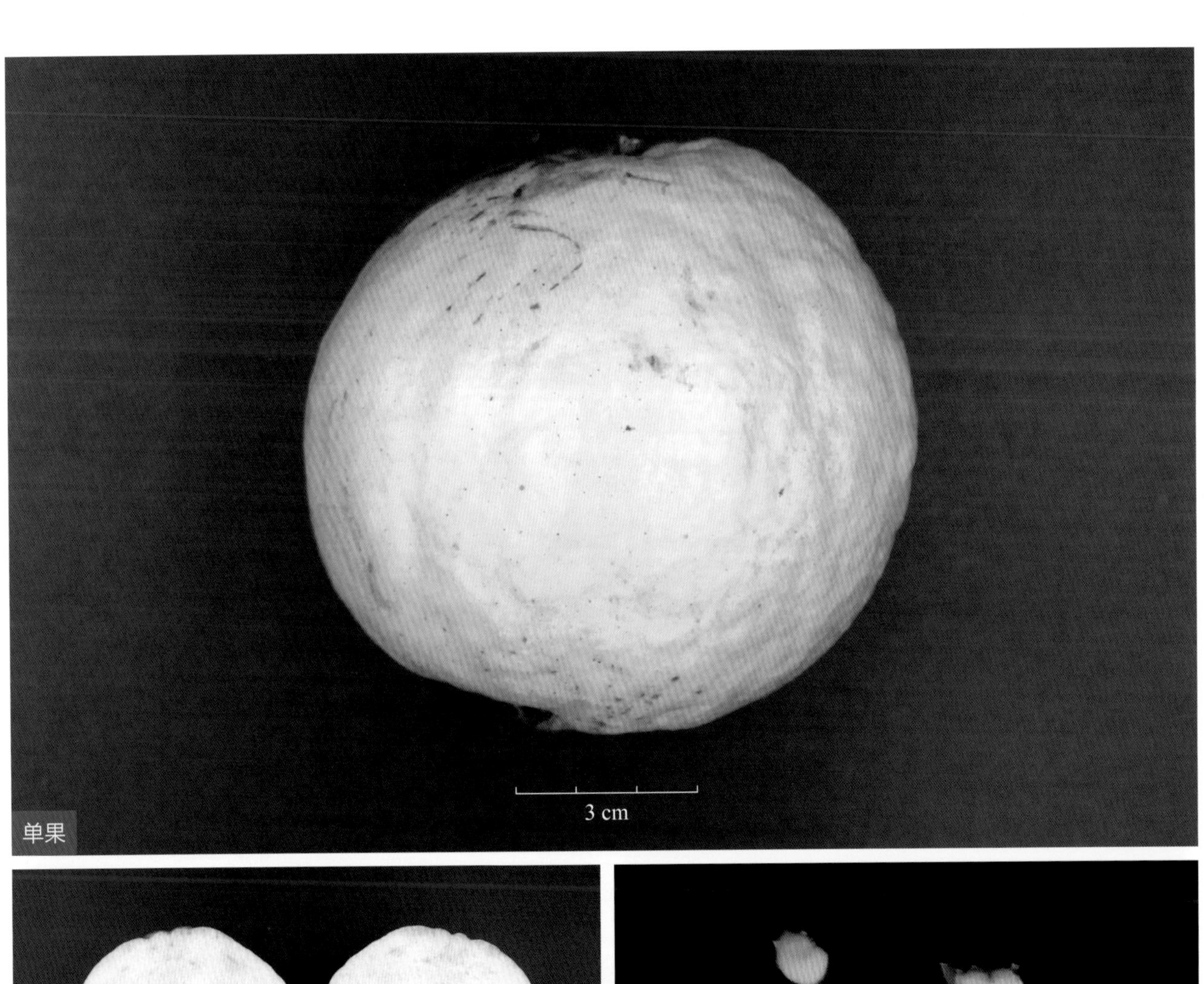

单果

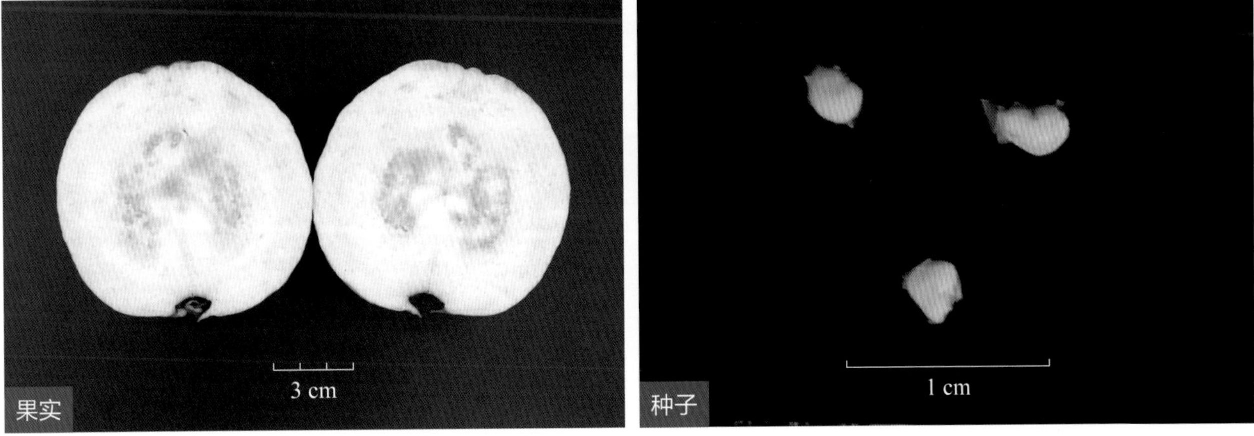

果实　种子

杂交9号

来　　源｜杂交优选单株。

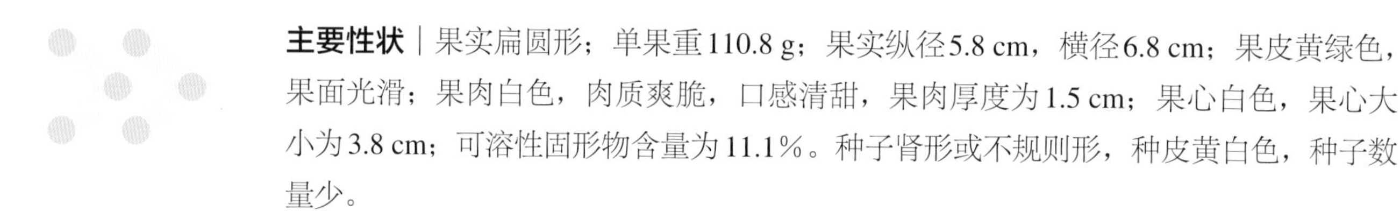

主要性状｜果实扁圆形；单果重110.8 g；果实纵径5.8 cm，横径6.8 cm；果皮黄绿色，果面光滑；果肉白色，肉质爽脆，口感清甜，果肉厚度为1.5 cm；果心白色，果心大小为3.8 cm；可溶性固形物含量为11.1%。种子肾形或不规则形，种皮黄白色，种子数量少。

综合评价｜口感爽脆，风味清甜，品质优良。

单果

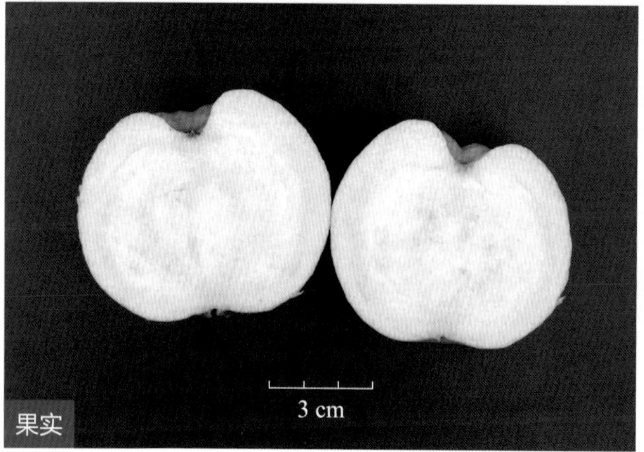

果实

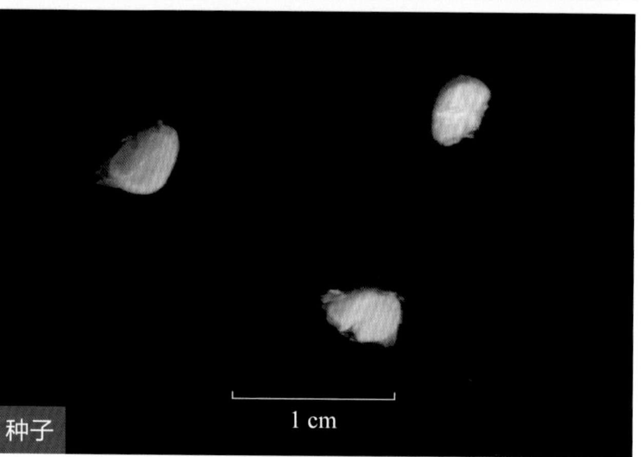

种子

杂交10号

来　　源 | 杂交优选单株。

主要性状 | 果实梨形；单果重75.2 g；果实纵径6.1 cm，横径5.5 cm；果皮青绿色，果面光滑；果肉白色，肉质爽脆，口感清淡，果肉厚度为1.3 cm；果心白色，果心大小为2.9 cm；可溶性固形物含量为5.9%。种子肾形，种皮黄白色，种子数量中等。

综合评价 | 口感爽脆，风味清淡。

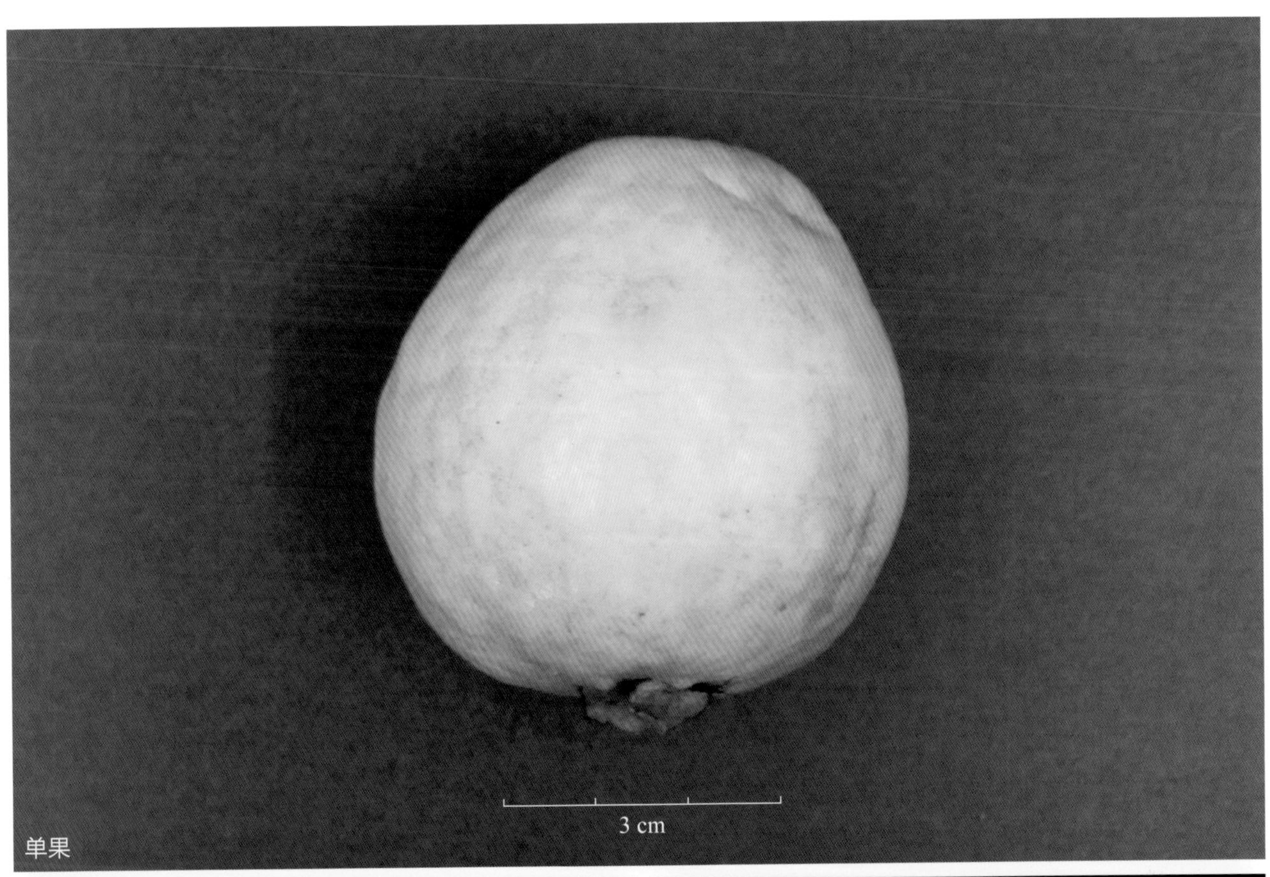

单果

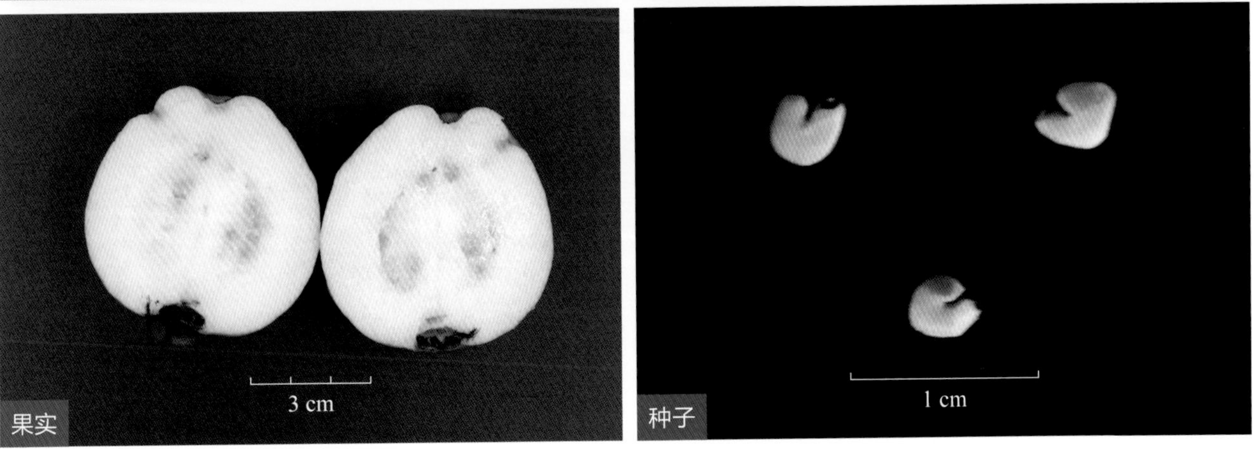

果实　种子

杂交11号

来　　源｜杂交优选单株。

主要性状｜果实扁圆形；单果重93.6 g；果实纵径5.2 cm，横径6.0 cm；果皮青绿色，稍粗糙；果肉白色，肉质爽脆，口感清甜，果肉厚度为1.2 cm；果心白色，果心大小为3.6 cm；可溶性固形物含量为9.6%。种子肾形，种皮黄白色，种子数量中等。

综合评价｜口感爽脆，风味清甜，品质优良。

单果

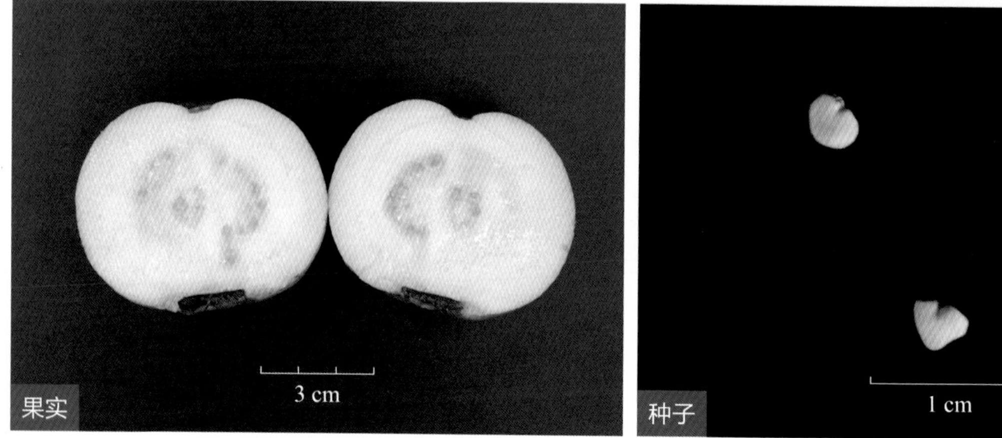

果实　种子

杂交12号

来　　源｜杂交优选单株。

主要性状｜果实椭圆形；单果重277.3 g；果实纵径9.4 cm，横径8.7 cm；果皮青绿色，果面光滑；果肉红色，肉质爽脆，口感清甜，果肉厚度为2.5 cm；果心红色，果心大小为3.6 cm；可溶性固形物含量为9.4%。种子不规则形，种皮黄白色，种子数量较少。

综合评价｜口感爽脆，风味清甜，品质较好。

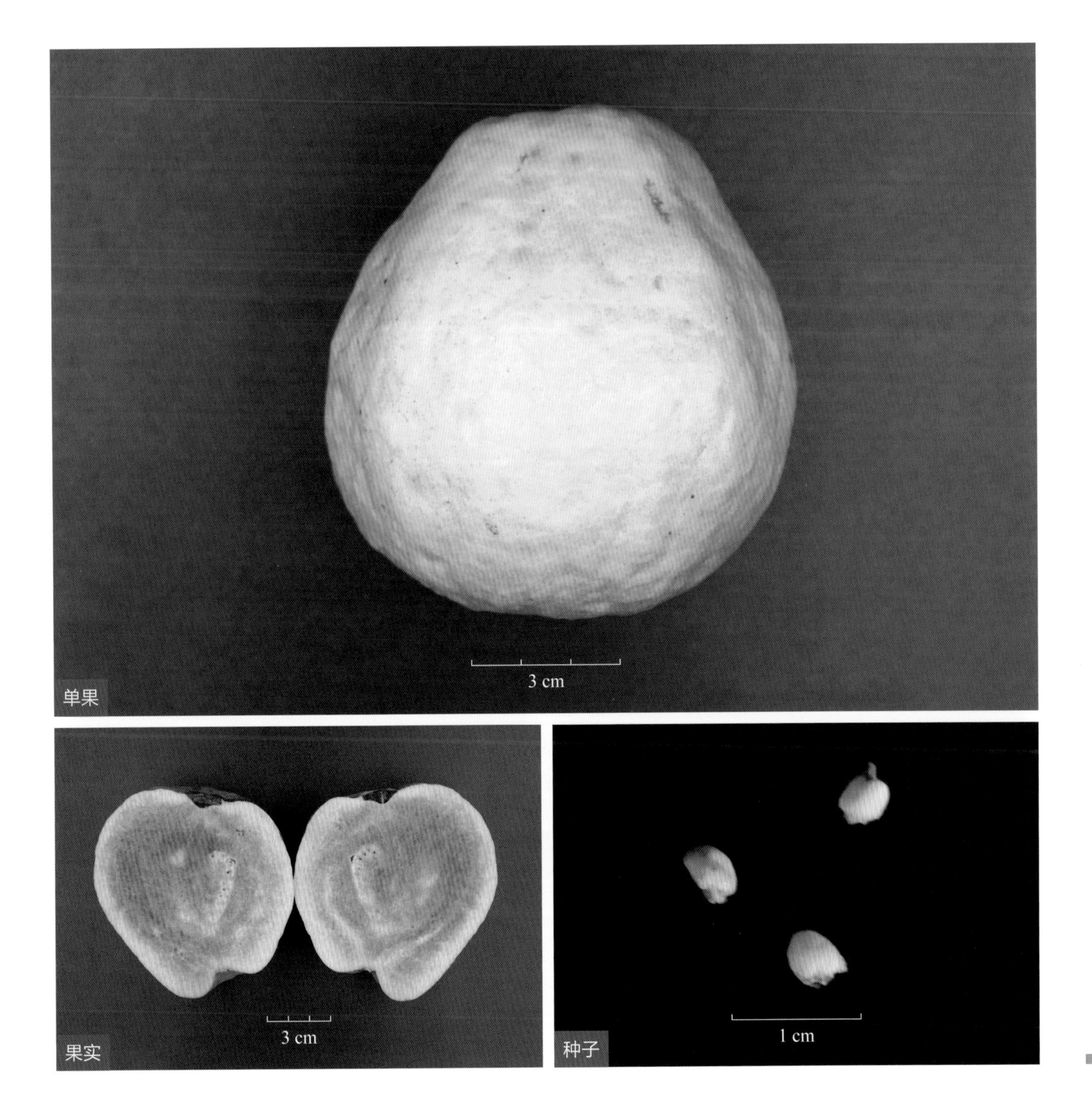

单果　果实　种子

杂交13号

来　　源｜杂交优选单株。

主要性状｜果实椭圆形；单果重117.9 g；果实纵径7.8 cm，横径5.8 cm；果皮青绿色，果面光滑；果肉红色，肉质软糯，香气浓郁，口感清甜，香气浓郁，果肉厚度为1.5 cm；果心淡红色，果心大小为2.8 cm；可溶性固形物含量为9.9%。种子不规则形，种皮黄白色，种子数量较少。

综合评价｜口感清甜，品质较好。

单果

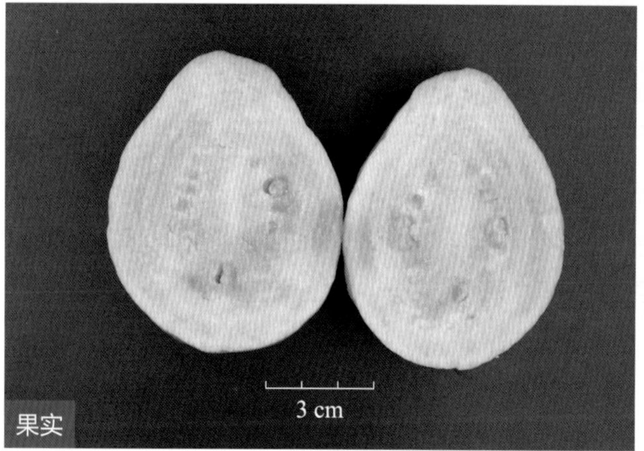

果实

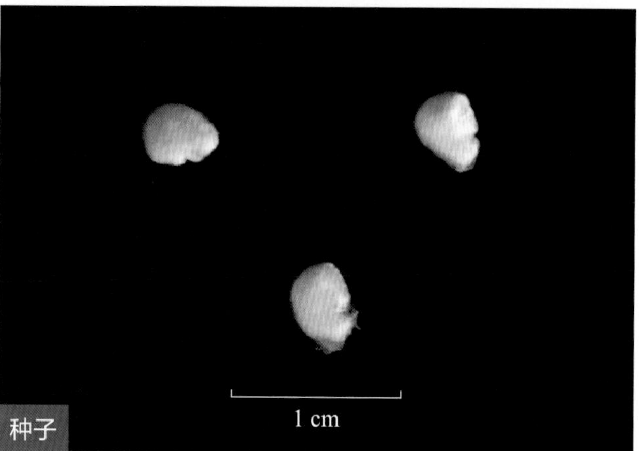

种子

草莓

来　　源｜原产于巴西，别名樱桃番石榴。

主要性状｜树形较开张。树皮平滑，灰褐色。新梢浅绿色；嫩枝圆柱形。叶片绿色，单叶对生，全缘，厚革质，两面均无毛，侧脉不明显，椭圆形至倒卵形；叶尖急尖，基部楔形；平均叶长7.3 cm，叶宽4.1 cm。花瓣倒卵形，雄蕊比花瓣短；花柱纤细，柱头盾状，花蕊一般有红色和白色；单生花，对生于结果枝的枝条上或叶腋间。果实梨形或球形，成熟时果皮紫红色；果实纵径3.8 cm，横径3.9 cm；果肉白色、黄色或胭脂红色，肉质软滑，口感清甜，有草莓的风味，果肉厚度为0.7 cm；果心白色至淡红色，果心大小为3.5 cm。种子肾形，种皮黄白色，种子坚硬、数量较少。

综合评价｜树形优美，可作盆栽或庭院观赏植物，较耐寒，可作番石榴砧木。

树

花（花蕊红色）

花蕾

花（花蕊白色）

挂果

叶片

果实

柠檬

来　　源｜原产于巴西。

主要性状｜树冠圆形，树形矮小开张。树皮平滑，灰褐色。中心主干不明显，树干皮薄而平滑。新梢浅绿色；嫩枝圆柱形。枝条纤细。叶片绿色，单叶对生，全缘，革质，椭圆形；叶尖渐尖，叶基圆楔形，叶面平展光滑，叶背有茸毛；平均叶长8.5 cm，叶宽6.5 cm。花为完全花，花瓣白色，4～6瓣，雌蕊1枚，雄蕊多枚；单生花，对生于结果枝的枝条上或叶腋间。果实圆形，成熟后果皮黄色，果面平滑，有不规则裂纹；果柄长0.8～1.1 cm；果实纵径3.5 cm，横径3.6 cm；果肉白色，肉质软滑，口感清甜，果肉厚度为0.8 cm；果心白色，软滑，果心大小为2.0 cm；可溶性固形物含量为8.5%～9.6%。种子不规则形，种皮黄白色，种子数量少。

综合评价｜果小皮厚，适宜盆栽或观赏种植。

树

花蕾
花
叶片
3 cm
挂果
果实
3 cm
种子
1 cm

参考文献

匡石滋，朱华兴，赖多，等，2018．番石榴新品种‘金斗香’的选育［J］．果树学报，35（5）：646-648.

农业农村部热带作物及制品标准化技术委员会，2021．热带作物种质资源描述规范　番石榴：NY/T 3812—2020［S］．北京：中国农业出版社.

赵志常，黄建峰，2017．番石榴优质丰产栽培彩色图说［M］．广州：广东科技出版社.